第一篇　聪明人说话前想

⑥ 知识服务于 ◯ 且落到实处时才能成为智慧

⑦ 成为 ◯ 别人认可欲求的一方

的五种思考方法

还是说话通俗易懂，这两者的程度都与理解的深度成正比

理解了"就是"整理好了"

整理说话的诀窍

❷ 区分事实和意见

- 不要条件反射式地回答问题，在说话之前先检查内容
- 是可以证明的事实，还是根据自己的判断提出的意见？
- 不要把自己的意见说成事实

第 5 章 "语言化"思考法

沟通中最大的成本是语言化成本

语言化的质量决定输出的质量

重新定义》不是〇〇，而是△△（提高语言质量的思考模板）

提高语言化能力的"习惯"

❶ 注重命名

❷ 不要使用"天啊""厉害了"

❸ 做"读书笔记"和"方法笔记"

未 ADR 器 | 行动家

UNREAD

聪明人说话前

頭のいい人が話す前に考えていること

在想什么？

〔日〕安达裕哉 著
畅然 译

贵州出版集团
贵州人民出版社

图书在版编目（CIP）数据

聪明人说话前在想什么？/（日）安达裕哉著；畅然译. -- 贵阳：贵州人民出版社，2024.8
ISBN 978-7-221-18408-5
Ⅰ. B848.4-49
中国国家版本馆 CIP 数据核字第 202472P1Y3 号

ATAMA NO II HITO GA HANASU MAE NI KANGAETEIRU KOTO
by Yuya Adachi
Copyright © 2023 Yuya Adachi
Simplified Chinese translation copyright © 2024 by United Sky (Beijing) New Media Co., Ltd.
All rights reserved.
Original Japanese language edition published by Diamond, Inc.
Simplified Chinese translation rights arranged with Diamond, Inc.
through BARDON CHINESE CREATIVE AGENCY LIMITED.

著作权合同登记号 图字:22-2024-053 号

聪明人说话前在想什么？
CONGMINGREN SHUOHUA QIAN ZAI XIANGSHENME?

[日] 安达裕哉 / 著
畅然 / 译

出 版 人	朱文迅
选题策划	联合天际
责任编辑	徐楚韵
特约编辑	庞梦莎　大雄
封面设计	左左工作室

出　版	贵州出版集团　贵州人民出版社
发　行	未读（天津）文化传媒有限公司
地　址	贵州省贵阳市观山湖区会展东路 SOHO 公寓 A 座
邮　编	550081
电　话	0851-86820345
网　址	http://www.gzpg.com.cn
印　刷	大厂回族自治县德诚印务有限公司
经　销	新华书店
开　本	880 毫米 ×1230 毫米　1/32
印　张	7.5　彩页 2
字　数	130 千字
版　次	2024 年 8 月第 1 版
印　次	2024 年 8 月第 1 次印刷
书　号	ISBN 978-7-221-18408-5
定　价	58.00 元

关注未读好书

客服咨询

本书若有质量问题，请与本公司图书销售中心联系调换
电话:（010）52435752

未经许可，不得以任何方式
复制或抄袭本书部分或全部内容
版权所有，侵权必究

读了这本书，
任何人都能成为聪明人

小时候,你有没有听大人这样说过:"好好想想再说。"或者有没有听领导说过这样的话:"你想好了吗?"

又或者有没有在听完下属的话之后想："这家伙想好了吗？"那么，"好好想想"当中的"好好"具体是指什么呢？有谁学过或者有人教过吗？

被要求"好好考虑"的人,请试着回想一下:那个时候,你是什么都没想吗?

不会的,你肯定有自己的想法。据说,人每天要思考一万次左右。现在在看这本书的你,毫无疑问,正在思考很多事情。

人都在思考，但是，为什么会区分出"认真思考的人"和"不认真思考的人"呢？

　　两者之间的差距不在于思考时间的长短（量）。例如，即使通宵达旦进行了创意思考，也并不代表"想好了"，重要的是创意的质量。显而易见，"认真思考的人"和"不认真思考的人"的差距，不在于思考的"量"，而在于思考的"质"。当你是新员工时，公司可能根据你思考的"量"

来对你做出评价。只要表现出专心思考的样子，就能讨人喜欢，但这也只在"以年轻为资本"的时候才管用。随着年龄的增长，只靠"量"、不靠"质"是行不通的。不仅如此，未来以"量"为评价的思维方式也将被人工智能取代。无论是谁，都必须以质取胜，而不是以量取胜。

有人说,"量最终会变成质",但遗憾的是,思考并不能随意质变。

"只是想想"永远都不能成为"优质思考",我们有必要在某个时机将"只是想想"转化为"优质思考"。这个时机就是在对别人"开口说话之前"。

　　本书旨在通过阐明"聪明人在说话前是如何思考的",进而让所有人都能提高思考的质量,最终成为"聪明人"。

　　本书的主题是智慧与沟通。

法国思想家帕斯卡曾说：人是世界上最脆弱的东西，譬如一根芦苇；但这是一根有思想的芦苇。他如果不与他人发生关系就无法生存。既然人是社会性动物，那么智慧与沟通就是人与人之间无法回避的主题。

如果有谁被问到："你想好了吗？"那么，这个人并不是没有思考过，他只是不知道提高思维质量的技巧而已。只要在说话之前稍微注意一下，就能提高思考的质量。

87 × 18 = ?

我们小学时都学过笔算的方法,只要有纸和笔,几乎没有人不会计算。"认真思考后再说话"也是一样,只要学会方法,谁都可以上手,而且一生受用。

但是,就像前面提到计算时必须准备好"纸和笔"一样,我们需要停下来思考一下。这本书阐明的是从未有人教过你的关于智慧与沟通的"黄金法则"。

只要掌握了这一法则，任何人都能提高自己的思维质量，同时获得智慧和信任。

世上没有人不思考。

你本来就有思考的能力，

你需要的是在说话前能够停一停的勇气。

前　言

聪明人说话前在想什么？

那已经是 22 年前的事情了。

当时我进入全球最大的会计师事务所之一——德勤旗下的咨询公司刚满 8 个月。在东京帝国酒店的一间会议室里，一家客户公司的总裁曾这样对我说：

"安达先生，你还好吗？"

被对方这样问，就意味着顾问的失职。

要知道对企业经营管理进行分析与指导，跟企业经营者共同解决问题才是顾问要做的事。而我作为顾问，明明应该参与商谈并给客户一些建议，却做出"让客户感到不安的行为"，反而让客户担心了。

自从听到客户说出我作为顾问是失职的话之后，我的人生发生了改变。

"初次见面，请多关照。我是 Tinect 股份有限公司的董事长安达裕哉。"

当对方听出来"我在咨询公司就职"时，他们很可能认为我"本来就很聪明，沟通能力也应该很强"，但实际情况是：我脑袋并不聪明，沟通能力也不算强。

事实上，我读初中、高中时，学习完全不行，成绩经常垫底，甚至还复读了一年，才勉强考上了大学。但即使在大学里，我也比不上最聪明的人，最后不得不放弃当研究员的梦想。

像我这样笨嘴拙舌的人，沟通能力比学习能力还差。大学期间，一到做研究报告的前一周，我就开始考虑"该怎么说"，精神高度紧张，导致严重失眠。

当时的我，既不聪明，沟通能力也不强，不仅如此，我还放弃了成为一名研究员的梦想，进入一家咨询公司工作，只是为了偿还助学金，因为咨询公司工资高一点。说来也很惭愧。

况且，我能被咨询公司录用，也是因为当时那家咨询公司大量招聘系统技术顾问，而我碰巧会编程。

咨询顾问是提供咨询服务的专家，需要为企业决策提出建议，倾听老板的烦恼，并与之一起解决企业的问题，是兼具智慧与沟通能力的职业。

事实上，我刚进入公司的时候，过得非常艰辛。可以说，那是我有生以来第一次主动地、认真地学习并接受培训，也阅读了大量的书籍。

然后，进公司满8个月就出现了前面开头描述的那个情形。

从那以后，我参与组建了针对中小企业的专门咨询部门，相继担任过大阪分公司负责人、东京分公司负责人，现在作为企业的创始人，已经开始管理自己的员工并出版书籍。

我不聪明，沟通能力也不强，那么我是如何一步步取得了如今成绩的呢？

我想是因为，自从进入公司第一年给客户留下作为咨询顾问很是失职的坏印象之后，我彻底思考了<u>如何才能重新获得他人的信任</u>。

就我的顾问生涯来说，特别之处在于我服务的那些客户公司规模各异、范围极广。它们当中不仅有日本家喻户晓的上市公司，比如东京海上日动火灾保险、日本生命保险公司、KDDI、东京帝国酒店等这样的大客户，也有茅崎市渔夫、福井县只有6名员工的洗涤剂公司，以及势头正猛的互联网创业公司等中小企业，这些中小企业北至北海道，南至冲绳，遍布日本各地，超过3000家。我与这些中小企业的经营者一起工作，既有协同，也有博弈。

不论规模大小，这些企业的领导都决心十足，其中不乏不按常理出牌、思维定式很强的人。

我作为一名顾问，从进入咨询公司第一年开始，就必须得到这些老板的信任。要知道，他们中很多人的从业时间都已经超过了30年。

像我这种初出茅庐的年轻人如何能得到这些从业30年、经验老到的老板的信赖呢？关于这一点，本书会慢慢介绍。如果你亮出你的学历和公司名称，或者搬出著名学者的经营理论而对方不吃你这一套；如果你不想被对方看不起，不想被认为只会死读书、看起来百无一用；如果你想得到对方信任，想让对方认为你是想一起做生意的人，那么"说话前好好思考"是必不可少的。

无论是作报告，还是商务谈判；也无论是向上司汇报工作，还是求婚，结局在你开口说话之前就已经注定了。

这是我毕业后在咨询公司工作12年，随后又自己经营公司10年之后得出的结论。

在这22年里，我从那些聪明、优秀的咨询行业前辈和上司以及3000家企业的老板那里得到的知识、见解，如果以任何时代、任何行业以及任何人都受用的形式总结成一本书的话，那就是"聪明人说话前想的事"。

前言

仅仅知道"聪明人在想什么"是没有意义的

我将咨询工作 22 年得到的经验整理成一本书时,才意识到不应该只是原封不动地列举"聪明人说话前想的事"。

就像书名一样,只要把聪明人说话前想的事写下来,就能成为一本书。但我有一次偶然察觉到,仅仅了解"聪明人说话前想的事"是毫无意义的。

例如,先从说话方式来说,仅仅了解擅长说话之人的说话方式,并不能变得口若悬河,无非停留在"会说话的人应该这么说吧?"这个层面,和实际上能不能很好地说出来是两回事。

同样,如果只知道聪明人在想什么,也不能算是掌握了思考的方法,这和网络上泛滥的书籍摘要和拆书视频几乎没有区别。即使通过阅读书籍摘要或拆书视频了解了书的梗概,也几乎没有人能真正掌握书中的内容。

如何让读者拥有聪明人的见识,一下子成为"聪明人"呢?本书正是以此为目的而设计并像编写程序(我从学生时代开始就很擅长编程)一样写成的指南。

也就是说,本书并不是对聪明人所思所想的概括,而是一套帮助你成为聪明人的程序。

首先，第一篇是思想理念部分。我将在此介绍说话前只要在相关理念上建立认知就能带来"智慧"和"信赖"的七个黄金法则。

掌握了思想理念之后，接下来就要掌握具体的方法。

第二篇是为了一下子成为聪明人而加深思考的方法。这篇从某种意义上来说是"改善方式"部分。

无论你是打棒球还是游泳，不管你多么有天赋，如果姿势不对，那么力量都无法充分传达到"球"和"水"。也就是说，本来你有思考的能力，但是因为你不知道深度思考的方法（思考方式），所以别人不知道你在"好好思考"。

本书的目标是让读者无须反复阅读

只要掌握正确的思想理念和"思考方式"，谁都能成为聪明人。但是，如果读完本书以后什么都不做，那么改善后的"方式"就会回到原点。此时，就轮到本书第一篇篇首位置的那张"让你每次说话都能变聪明的表格"出场了。

如果有人问你："什么样的书算是好书？"你会怎么回答？

我的回答是："读者想反复阅读的书。"

可是，我并不想让读者重读这本书，我的<u>目标就是让读者无须反复阅读</u>。

读完本书后，请剪下那张"让你每次说话都能变聪明的表格"，试着填空。

这张表格起到提炼本书精华的作用。说话之前，稍微停下来，试着想想这张表格中所列的内容，哪怕只有一项也好。

这样一来，从明天开始，你每次说话都会变得聪明。

进入咨询公司工作以后，我除了凭"正确思考"的能力在工作上取得成果，还发生了两个巨大的变化：一是不再为选择哪种说话方式而烦恼，二是人际关系的消极影响降到了最低。归根结底，<u>无论你多么善于沟通，如果不能用自己的语言表达方式说话，你就不能打动别人的心</u>。

我认为每个人都有自己特有的说话方式。

只要改变说话前的想法，自然就能用适合对方的说话方式，用自己的语言说话。学会用自己的语言表达方式说话之后，我就不再为说话方式而烦恼了。当我正确地思考事情时，我可以清楚地决定我该说什么，大学时演讲前那样的失眠也消失不见了。

另外，人是感性的生物。说话前好好思考，就不会说出不该说的话。能做到这一点，人际关系会变得轻松许多。

毋庸置疑，随着人际关系中摩擦的减少，我们可以腾出时间来做更重要的事情，比如陪伴家人或者做自己想做的事。

我认为，越是觉得自己不擅长沟通的人，越不需要去改变说话方式，而应把注意力放在"认真思考"上面。

那么，让我们开始吧。

首先，衡量你说话前思考的程度。

问题

> "这件衣服是蓝色的好看，还是白色的好看？"如果两人约会购物时，对方这样问你，你会怎么回答？

直接说蓝色或者白色？你会这样坦率地回答吗？

不，不，如果你想这样坦率地回答的话，那你知道你在回答之前进行了多大程度的思考吗？

打算这样坦率回应的人请务必继续读下去。

成为聪明人的路径

（本书的使用方法）

阅读第一篇，
掌握七个黄金法则

阅读第二篇，
不停地深入思考

剪切并填写
"让你每次说话都能变聪明的表格"

说话前，
回顾"让你每次说话都能变聪明的表格"

谁都能
成为聪明人

目录 Contents

第一篇　聪明人说话前想的事
同时带来"智慧"和"信赖"的七个黄金法则

第 1 章 | 变笨的瞬间，变聪明的时间　　4

黑帮电影中死去人物的共同特点　　5
遇事不冷静的下场　　6
生气时会变笨　　8
不生气的两种技巧　　9
避免愚蠢所需的时间　　10

黄金法则 1　　12

第 2 章 | 聪明与否，谁来认定？　　　　　　　　　　13

什么叫作聪明？　　　　　　　　　　　　　　　　14
聪明没有标准，但是不聪明无法生存　　　　　　　15
无人的山林，一棵树倒下是否会发出声音？　　　　17
美国人提倡的聪明之道是什么？　　　　　　　　　18
聪明人加深思考的方法　　　　　　　　　　　　　20
逻辑思维能力的重要性　　　　　　　　　　　　　23
一旦你认为"聪明与否由他人认定"，事情就容易许多　24

黄金法则 2　　　　　　　　　　　　　　　　　　25

第 3 章 | 为什么进入咨询公司第一年的新手也能给从业 30 年的老板提建议？　　26

不要装聪明，要在行动上有聪明的表现　　　　　　27
装聪明不能打动人心　　　　　　　　　　　　　　27
开会时要做第一个发言的人　　　　　　　　　　　29
产生信赖感的瞬间　　　　　　　　　　　　　　　31
如何回答"你觉得怎样？"　　　　　　　　　　　32

黄金法则 3　　　　　　　　　　　　　　　　　　35

第 4 章 | 聪明人从不试图驳倒他人　　　　　　36

受电视影响总想驳倒他人的人　　　　　37
擅长处理客户投诉的人都有哪些特征？　　38
不在乎输赢　　　　　　　　　　　　　41

黄金法则 4　　　　　　　　　　　　　41

第 5 章 | 不能只是"说得好"　　　　　　　42

只会"说话的技巧"，无法打动人心　　　43
仅仅记住相关模板就能有效传达信息吗？　44
不用特意"闲聊"　　　　　　　　　　45
越认真越陷入"技巧的困境"　　　　　47

黄金法则 5　　　　　　　　　　　　　49

第 6 章 | 当知识转化为智慧　　　　　　　50

聪明人"假装不知道"而不是"假装聪明"　51
不要轻易提建议　　　　　　　　　　　53
充满智慧的瞬间　　　　　　　　　　　54

黄金法则 6　　　　　　　　　　　　　56

第7章 "能控制认可欲求的人"才能成为沟通高手 57

精于读心术的田中角荣给秘书发出了什么指示？ 58
成为沟通高手的两个条件 59
超凡魅力是如何产生的？ 61

黄金法则 7 63

第二篇 如何深度思考，一下子成为聪明人

同时带来"智慧"和"信赖"的五种思考方法

第1章 首先，停止愚蠢的说话方式 71
"客观看待"思考法

让人看起来愚蠢的三个"瞬间" 73
"客观看待"思考法① 完全相信少量的信息，会显得很愚蠢 75
"客观看待"思考法② 对语言敏感 84
思考一下"管理"的定义 91
"客观看待"思考法③ 了解事情的来龙去脉 97

第2章 │ 为什么聪明人说的话容易让人理解？　　　104
"整理"思考法

聪明人为什么能把难以理解的事情说得简单易懂　　106
思考就是整理　　110
"整理"思考法① 任何人都能学会从结论出发说话　　113
"整理"思考法② 区分事实和意见　　120

第3章 │ 认真思考之前，先认真听　　　131
"倾听"思考法

"听"和"认真听"之间有很大的差距　　133
当别人说话时，你是否在想自己要说什么？　　138
"倾听"思考法 不要建议，要整理　　144

第4章 │ 深度提问与学习的技巧　　　151
"提问"思考法

人与人之间为什么要沟通？　　153
深度提问技巧① 美国政府和谷歌使用的提问技巧　　157
深度提问技巧② 提问之前先建立假设　　164
请教的技巧 善于提问和不善于提问的人有什么区别　　168

第 5 章 ｜ 最后用语言留下强烈印象　　　　　　175
"语言化"思考法

为什么有能力的人讨厌马上打来电话的人?　　177
语言化的质量决定输出的质量　　　　　　　　182
"语言化"思考法① 提高语言质量的唯一方法　　186

"语言化"思考法②
致只会说昨天看的电影"太有趣了!"的你　　　193

结束语　　　　　　　　　　　　　　　　　　　202

第一篇

聪明人说话前想的事

同时带来『智慧』和『信赖』的七个黄金法则

同时带来"智慧"和"信赖"的
七个黄金法则

No.❶ 无论如何都不要马上开口 ▢

No.❷ 聪明与否由 ▢ 认定

No.❸ 人们信任 ▢ 的人

No.❹ 不要跟人"斗",而要跟 ▢ "斗"

No.❺ 无法有效传达信息的原因不在于说话技巧不够好，而在于 ☐ 不足

No.❻ 知识服务于 ☐ 且落到实处时才能成为智慧

No.❼ 成为 ☐ 别人认可欲求的一方

让你每次说话都能变聪明的表格

第 1 章

变笨的瞬间,变聪明的时间

黑帮电影中死去人物的共同特点

前几天，我看了北野武导演的电影《极恶非道》。

考虑到有的读者没看过这部电影，我在这里稍微介绍一下剧情。这是一部以"全员恶人"为标志性符号的黑帮电影，整部影片充斥着暴力与蛮横，里面的人物从头到尾一味地杀人，很多人因此殒命。

第一次看这部电影时，有一点我没有注意到，但第二次看时，我注意到了，那就是我发现影片中被杀的人都有一个共同特点。

看过这部电影的人可以想一下：

问题 1

电影《极恶非道》中，被杀之人的特征是什么？

答案是"情绪化"。

情绪化的人都死了，而冷静的人活了下来。 感情用事的人被人狠狠地利用，最后都被杀了。

北野武导演在接受杂志采访时曾说："从我安排电影情节的

原则来说，使用手枪的家伙一般都会死哟。"而我从这部电影中得到的信息是，感情用事的那一瞬间，你就已经输了。

这也是我在咨询公司学到的"最重要的事情"之一。

遇事不冷静的下场

那是我年轻时候的事。

有一次，我去参加一家企业的"改善活动"。

改善活动的内容是每个员工在部门负责人面前汇报"本周工作内容和下周目标"。这家企业有一位董事，这位董事过于在意每个员工"汇报时的声音"，而不是汇报的内容。

员工当中自然有声音小、不擅长在人前讲话的人，有些甚至缺乏自信。

那位董事对这样的员工大声训斥："声音太小了！"并让他们反复重来。

说实话，这让人看着很不舒服，但我是局外人，而且这家企业的经营者也持默许态度，所以我没有理由予以阻止。

有一次，一位新员工惹恼了这位董事，在众目睽睽之下，被狠狠地骂了一顿。一位主管实在看不下去了，大声制止这位董事："差不多得了！"

现场气氛一下子僵住了，直到那位董事道歉说"可能我说得过分了，请原谅"，事情才暂时得以平息。然而，在此之后，老板以仲裁的名义介入董事和主管之间的嫌隙。老板一方面对"一吼为快"的主管表示理解，并敦促董事自我反省，他对董事说："你做得太过了，违背了改善活动的初衷。"另一方面，他对主管说："为什么会失去冷静？遇事这么容易冲动，你无法担任领导。"

正如老板所说，虽然主管只是想为新员工说句话，但是，那件事情发生之后，其他员工看待这位主管的眼光发生了一些变化。

非常遗憾，经过那件事情之后，那位主管不仅没有得到大家的认可，反而被冷眼相待。大家都认为"原来那个主管（和董事一样）是个易怒的人啊"。

或许那位主管看不下去"弱者"被训斥，出于正义感才采取了那样的行动；又或许是他一开始就觉得"改善活动"本身徒劳无益。不管理由如何，大家都不想接近"易怒体质的人"。

生气时会变笨

英国萨塞克斯大学教授、心理学家斯图尔特·萨瑟兰在《非理性：我们内在的敌人》中写道："我们一旦被愤怒、恐惧等强烈的感情束缚，就容易做出蠢事。"

简而言之，人在生气的时候脑子都会变笨。生气时所做的判断，首先就应该被认为是错误的。

世上几乎没有人能在被上司训斥、被同事指责能力不行或者在众人面前出丑的时候做出正确的判断。现实当中，我也见过很多人和上司吵架，一气之下辞职走人，后来又追悔莫及。

聪明人知道"生气发怒"和"感情用事"会让自己遭受多大的损失。

当然，聪明人也有感情用事的时候。但是，他们知道情绪激动时不适合立即做出回应，而是应该控制好情绪，冷静思考。他们由此获得了好处，也掌握了这种应对方法。

总之，"说话前好好思考"意味着不在情绪的支配下做出回应，要冷静思考之后再说话。

不生气的两种技巧

怎样才能保持冷静，让自己不生气呢？这里有两个要点：

① 不要马上开口回应；

② 根据对方的回应，考虑几个应对方案并进行比较和评估。

获得2002年诺贝尔经济学奖的行为经济学家丹尼尔·卡尼曼在其著作《思考，快与慢》中指出，人类的思考模式分为"快思考（系统1）"和"慢思考（系统2）"。

简单说明一下，"快思考（系统1）"是直觉性思考，"慢思考（系统2）"是逻辑性思考。卡尼曼认为，在两种模式中，基本上是"快思考（系统1）"占据优势地位。也就是说，如果你在对方回应之后马上开口，那你的发言就会变成"快思考（系统1）"支配下的直觉和感情先行的回应。所以，不要马上开口，要考虑对方针对你的发言会做出怎样的反应，进而对几种情形进行比较和评估，并让"慢思考（系统2）"发挥作用。

卡尼曼把这种研究多个场景之后再决定如何行动的做法称为"联合评估"。

本书要传达的理念是"说话前好好思考"，显然，这一理念调用的是卡尼曼所说的"慢思考（系统2）"，而非"快思考

（系统1）"。

回到刚才提到的案例，假如你看到新员工在众人面前被无理指责，于是你感到非常生气，并且马上开口，对董事"怒吼"，那么，就会像那位主管一样，感性超过了理性，做出对双方都不利的选择。

相反，如果"不马上开口"，你就会有很多思考的余地。接下来，本书将要介绍在"不马上开口"的情况下，你能想到什么？卡尼曼所说的对几种情形进行比较和评估，不仅仅是想象"如果此时怒吼会怎样？"，还包括很多其他方案。比如，有没有办法让被训斥的新员工暂时避开去别的房间？再比如，有没有可能把董事的注意力转移到其他地方？

在头脑评估各种替代方案的过程中，你的愤怒自然就会平息。评估几个方案，既是为了"寻求最合适的方法"，也是为了争取恢复冷静的时间。

避免愚蠢所需的时间

日本愤怒管理协会理事户田久实在其作品《管理愤怒》中提到，美国开发了一种名为"愤怒管理"的心理训练法。有一种说法认为，从愤怒产生到理性发挥作用，大约需要6秒钟时间。

此外，日本自然科学研究机构生理学研究所教授、医学博士柿木隆介在接受《日经新闻》运营的健康医疗信息网站"日经&Gooday"的采访时曾说：

> "人的大脑新皮质中有一个部分叫脑前额叶，功能包括控制情绪、进行理性判断和逻辑思考以及与人沟通……脑前额叶真正开始工作大概需要3秒到5秒的时间，所以当你感到'烦躁'和'生气'的时候，请先等待6秒钟。"

也就是说，人在生气的时候，头脑会变笨，所以，需要6秒的时间才能冷静下来，以便恢复思考能力，让头脑变聪明。

我记得咨询行业的一位前辈曾苦口婆心地说过这么一句话："给客户提案时，一定要多考虑几个方案。"

聪明人不只在生气的时候能冷静思考，在事情顺利的时候也会考虑"是否有风险？""有没有疏漏？"等诸如此类的问题。越是聪明的人，越能认识到自己的情绪化倾向，越能保持冷静。

当然，我并不是说要对自己的情感反应保持麻木冷漠，而是说，真实地感受自己喜欢什么、讨厌什么，捕捉内心的变化，这对丰富自己的生活是很重要的。

但是"祸从口出",说话之前千万要多加注意。说话不分场合,有时会造成无法挽回的局面。

想说的其实有很多,但越是这样的时候,反而越要闭口不言。

总之,"无论如何都不要马上开口回应"才是重要的。

黄金法则 1

无论如何都不要马上开口回应

第 2 章

聪明与否,谁来认定?

什么叫作聪明？

本书的目标是让所有人都能一下子成为"聪明人"。

也许有人会反驳：一下子变聪明是不可能的。

你很可能认为头脑聪明就是 IQ 高和学习能力强，这样想也不无道理。然而，不难想象，即使一个人学历好、智商高，也并不一定意味着他就能胜任这份工作或者值得信赖。

那么，什么叫作聪明？

逻辑思维能力、大脑运转速度、知识储备、分析能力、教养、掌握本质的能力、抽象思维能力、抓住重点的能力、词汇量、预知未来的能力……毫无疑问，这些都是构成"聪明"的要素之一。

但是，你有知识、词汇量和逻辑思维能力，就算是"聪明人"吗？

现在，我们试着改变一下视角。

请问，聪明是由谁认定的呢？是自己？不是吧？如果自认为"聪明"，那我觉得这不能算是聪明。聪明的人不会说"我很聪明"！

这样看来，聪明不是满足自己的需求，那是满足谁的呢？是的，是别人的。

聪明没有标准，但是不聪明无法生存

学生时代有一个简单易懂的评价学习能力的指标叫"偏差值"①。但是，进入社会以后，这个指标就消失了。即使当初模拟考试的偏差值达到 70，也不再被认为是"聪明人"，自然也不再有测试聪明程度的考试，反而需要的是将工作向前推进并拿出成果的能力。

话虽如此，但并不是说"聪明"就已经不被需要了。在泡沫经济崩溃 30 年后的今天，只要埋头苦干、拼命工作就能获得幸福的时代已经完全成为过去。如今，所有职业的成果几乎都与智力挂钩。

步入社会之后，衡量聪明与否的标准会发生变化

---

① 译者注——偏差值是指相对平均值的偏差数值，反映的是每名学生的成绩在所有考生成绩中处于一个什么样的位置。

那么，在聪明与否没有明确标准的社会中，"聪明人"是什么样的呢？那就是周围人一致认为"聪明"的人。越多人认为某个人聪明，越说明那个人就是"聪明人"。

也许有人会对这种观点感到奇怪，会发出不同声音。他们认为，如果职业性质是跟很多人打交道、重视沟通能力，那这种观点还好理解。但是，如果是比拼创意的职业，或者是需要独立完成科研任务的工作，那么很难说聪明与否是由他人认定的。有时，从事研究工作的人即使遭到周围人的反对，仍旧相信自己并勇往直前，他们的事迹也会被人传为佳话。

被誉为"现代管理学之父"的彼得·德鲁克在他的名著《卓有成效的管理者》中明确指出：

> "那个拥有知识的人，必须承担起被他人理解的责任，认为门外汉能够或者应当费心去理解他，而自己只需与少数专家同行交流便足够了，这样的设想无疑是一种粗野的傲慢。"

有人认为"自己的想法得不到理解，是因为对方的理解能力差"，德鲁克否定了这一观点。

我想大部分人都会认为诺贝尔奖获得者是"聪明的人"。虽然诺贝尔奖的评选标准尚未公布，但诺贝尔奖的定义是"授予对人类做出最大贡献的人"。也就是说，评价的核心是对除自己以外的人做出了多少贡献。

无人的山林，一棵树倒下是否会发出声音？

"聪明与否取决于他人的看法"这一观点极为重要，因为它与我们这个时代最重要的智力技能之一——沟通能力的本质非常接近。

关于沟通能力，德鲁克在他的著作《管理：使命、责任、实务》（实务篇）中有这样的描述：

> "禅宗佛教徒、伊斯兰教的神秘主义者、犹太教的法典学家都曾经提出这样一个古老的难题：'无人的山林，一棵树倒下是否会发出声音？'现在我们知道，这个问题的正确答案应该是：没有声音，但是的确存在声波。可是，如果没有人感觉到它的存在，就没有声音。声音因被感知而成为声音。这里所说的声音，就是交流。
>
> "这个故事可能显得平淡无奇。古代的那些神秘论者毕竟早已知道了这一点，他们也始终认为，如果没有人听到，就没有声音。

> "这个古老的答案在今天也依然有着重要的意义。
>
> "进行沟通的是信息的接收者。所谓的发送信息者,即发出信息的人并没有进行沟通,只是发出声波,如果没有人听到,就没有沟通,有的只是噪声。"

沟通的主体是对方而不是自己。说得极端一点,无论多么优秀的创意,如果不能传达给他人,这个创意就从未存在过。

在"聪明与否由他人认定"这一前提下,知道"别人怎么想",才是聪明且受人仰慕之人所拥有的思维意识的根本,也是提高思维质量的重中之重。

越是觉得"自己的企划案未获通过""想说的话不能很好地传达给对方""周围的人不认可自己"的人,往往越缺乏这种意识。

因此,本书认为,聪明是由他人认定的,所谓聪明的人,并不是自我的满足,而是被周围的人认定为"聪明人"。

美国人提倡的聪明之道是什么?

当然,这并不是说根本不需要用偏差值来衡量学习能力和逻辑思维能力。

聪明大致可以分为两种。

你知道与IQ（智商）相对应的SQ（社商）这一概念吗？

SQ是指社会智力（社交商数），由美国心理学家丹尼尔·戈尔曼提出，是人类最重要的关于聪明头脑的概念。

在此之前，丹尼尔·戈尔曼提出了EQ（情商）的概念，他认为EQ是"情感智商"和"心灵智商"。"SQ=社会智力"是这一观点的进一步发展。他将SQ定义为"在与他人交往中发挥高智商的能力"。

聪明有两种

学校智力	社会智力
可以用数字和测试来衡量的东西，如IQ（智商）、偏差值、逻辑思维和记忆力等	无法用数字和测试来衡量的东西，如读懂对方的想法、获得他人的信任以及调动别人的能力

回想起在咨询公司学到的东西，我切身感受到了什么是"社会智力"。无论是社会所需，尤其是求职时必备的"沟通能

力",还是在咨询公司中受到重视的"地头力"①,都可以用社会智力来概括。

本书将聪明分为社会智力和学校智力两种类型。学校智力是指独自完成任务的能力,如 IQ(智商)、记忆力、学习能力等,可以用数字来衡量。社会智力,简而言之,就是读懂对方的想法、获得他人信任以及调动别人的能力。

有趣的是,澳大利亚昆士兰大学的心理学教授威廉·冯·希伯在《当我们一起向狮子扔石头》一书中提到:社会智力才是人类智力真正的主体,IQ(智商)这样的逻辑能力不是智力的本质,而是副产品。

聪明人加深思考的方法

这里所说的"聪明人加深思考的方法"与市场营销的思维方式非常相似。

德鲁克认为"营销"和"创新"是企业最重要的两个功能,而营销对所有从事商业活动的人来说都是必不可少的,被定义

---

① 译者注——"地头"原本只是咨询领域和人才招聘领域在评论人才时所使用的一个词,意指"不依赖头脑中被灌输的知识,可以从零开始思考",具备这种素养的能力叫作"地头力",是一种现场瞬间反应、解决问题的能力。

为"从客户的需求出发"。换句话说,营销本身就是社会智力。

那么,如何掌握这种营销思维呢?购买大量与市场营销相关的书籍仔细阅读吗? 当然,通过书本学习很重要,但更重要的是在日常生活中养成"从对方的需求出发"考虑问题的思维习惯,经常想想"对方想要什么"。

如果你不知道坐在旁边的人想要什么,那么你很难想象你的客户想要什么。

虽然我现在经营着一家市场营销公司,但是刚刚当咨询顾问的时候,说实话,即使读了大量市场营销方面的专业书籍,我也不明白其中的真正含义。当时我感觉自己"好像明白了",但现在回想起来,我其实完全不懂。

当我积累了三年的咨询工作经验后,从家里书架上拿起营销方面的书读了一下,我发现非常容易理解,甚至感觉很有趣。

我甚至从头读到尾,心想:"这个作者的解释很容易理解啊,把我的想法都解释清楚了。"这与我作为职场新人时的读书体验完全不同,我仿佛确认了市场营销对我的意义,这是我通过自身经验得出的想法。

在付诸实践之前购买大量市场营销专业书籍来阅读,展现的是学校智力。学历高的人往往更擅长这方面。但是,在实际工作和与他人的交往中所展现的是社会智力。真正聪明的人会在学校智力和社会智力之间来回转换。

学生时代是先学习教材，然后参加考试，学习成绩都是用数据来呈现的，结果被量化。但是，学校并没有教我们如何将所学的知识运用到社会实践中。也就是说，我们掌握知识的顺序是先掌握学校知识，进入社会之后，再掌握社会知识。

在社会上大显身手的人，会"反着来"，他们先掌握社会知识，再用学校智力进行复习。然后，如前所述，他们会在学校智力和社会智力之间来回转换，借以提高自己深度思考的能力。

本书介绍的让头脑一下子变聪明的方法，也和学生时代的学习顺序相反。

"在与他人的交流中掌握智慧"，请先牢记这一点，再继续读下去。

为了跟价值观不同的人分享想法，有必要培养说话的逻辑性

逻辑思维能力的重要性

都说逻辑思维能力是商务活动中重要的技能。那么，逻辑思维为什么如此重要？这是因为我们有必要和与自己立场及价值观不一样的人分享想法。

请回想一下和与自己兴趣相似、价值观相同的朋友之间的对话。

"那个太好了！"

"对，那个部分最棒了！"

"就是那个部分吧。"

这样的对话，即使没有逻辑性，也能充分理解。但和与自己价值观不同的人交谈时，这么说是行不通的。对方会问："请问，'那个'是什么？"所以，说话一定要有逻辑性。

最好的生活状态是和一群志同道合的朋友在一起，只用一句"那个太好了！"彼此就能心领神会。这种关系固然让人舒服，但是和与自己价值观不同的人交流并分享想法，也会带来意想不到的喜悦。另外，在商务场合，如果还说"那个太好了"，那么，这种交流方式是行不通的。

如何跟与自己想法不同的人沟通？当你开始想象别人会怎么想的时候，你自然而然就会注意到说话的逻辑性。

你只需简明扼要地总结结论，然后罗列出几条简单易懂的理由，你的逻辑性就出来了。

一旦你认为"聪明与否由他人认定"，事情就容易许多

一听到"聪明与否由他人认定"，有人就会说："不要在意他人的眼光，要做真实的自己。"

近年来，"自我肯定"这个词开始流行起来，"活出自己"的重要性受到了人们的高度重视。

另外，心理咨询师的书中提到，为了提升自我肯定感，我们不要以他人为中心，而要以自己为中心思考。或许你也在某些随笔类文章中看到过这样一句话："不懂得珍惜自己的人没有能力珍惜别人。"我也完全没有反对这个想法的意思。特别是精神处于压抑痛苦状态的人，更应该积极休息，爱惜自己。

在当今社会，正因为人们都注重自己的想法，所以从"聪明与否由他人认定"这一前提出发思考问题才更有效果。

一旦养成站在对方立场上思考问题的习惯，成为"聪明人"就不是一件难事，甚至容易得多。

迄今为止，我见过很多优秀的人，因为太过于坚持自己想

做的事情，反而在群体中落败。正因为在当下的社会，大家都把自己的想法放在第一位，所以我们更应该学会站在对方的角度去思考问题，做一个聪明人。

人们喜欢听聪明人讲话，也想要聪明人推荐的东西，如果你是公认的聪明人，那么你自己想做的事情就更容易做成。

有的人很努力地做企划案，但方案总是通不过；而有的人只是简单说明，就能完成自己想做的事情。两者之间的差别在于是否被周围的人认定为"聪明人"，这当中的信赖感非常重要。

虽说是要站在对方的立场上考虑问题，但并不意味着你必须经常这样做。平时注重自己的感受，也可以心不在焉地想些自己喜欢的事情，只要在开口说话之前，本着"聪明与否由他人认定"这一前提来提升自己深度思考的能力就足够了。

"聪明与否由他人认定"是我们作为社会性动物为了最终活出自我而不可或缺的思考方式。

| 黄金法则 2

聪明与否由他人认定

第 3 章

为什么进入咨询公司第一年的新手也能给从业30年的老板提建议?

不要装聪明，要在行动上有聪明的表现

正如我在前言中所说的，22 年前我做了让客户感到不安的行为，被认为是失职的咨询顾问。从那天开始，我就拼命寻找挽回客户信任的方法。我该如何跟客户交谈？怎样才能更好地表现自己？如何处理客户的烦恼？说起来也算是在行动上掌握了"聪明的表现"的要领。

一听到"聪明与否由他人认定""要有聪明的表现"，有人会觉得："不对吧，这是装聪明而已嘛！"考虑到要由对方认定你聪明与否，你就会觉得为了让对方认为你聪明，你就有必要装出聪明的样子。这么想不足为奇。但是，事实恰恰相反。

聪明人没必要装聪明。装聪明的样子和真正聪明人的表现完全相反。

装聪明不能打动人心

举例来说，有些人说话时"似乎说了点什么，又好像什么都没说"，这样的人是装聪明的典型代表。

观察一下周围，你有没有发现这样的人？

聪明人说话前在想什么？

在讨论新产品的具体创意时，他们会说："应该抓住用户的需求，采取适当措施。"这听起来很正确，但根本算不上什么创意。

针对客户的投诉，公司征求大家的意见时，他们会说："仔细考虑一下，对客户来说什么才是最重要的？"这看似合乎道理，实则是毫无内容的建议。

还有的人只会说"具体哪个好，要看你的目的是什么"，或者嘴上说"我们继续探讨吧""再研究一下吧"，然后没有实际的行动。

类似这样的发言，对则对矣，但空洞无物。装聪明是一时之计，但并不能打动人心。这样的话说多了，对方就听不进去了。

好像说了些什么又好像什么都没说的人

开会时要做第一个发言的人

一次会议上,我所在公司的参会人员大致结束工作汇报后,主持会议的部门经理表示增设发言环节。

　　大家有什么想法,可以提出来。

短暂的沉默之后,一位20多岁的年轻员工举手发言。

　　"请允许我谈谈我的看法,我认为现在这项服务销售业绩不好的原因在于'宣传语'……我们把广告宣传语改成这样吧。"然后,他给大家展示了自己的构想。然而,他想出来的宣传语实在不敢恭维,很难称得上出色。

他的话音刚落,其他员工立刻反驳,有的说:"问题不在于宣传语,而在于价格。"也有的说:"我觉得宣传语没错。"此类的质问和批评接踵而至,提出意见的那位年轻员工似乎很沮丧。

但是,部门经理发话了。

　　这是非常好的意见,我之前没有注意到,加到讨论事项里吧。

会议不仅讨论了"宣传语",还讨论了产品定价、目标的重新设定、销售方法等多个方面的话题,最后总结出了新的方案,会议圆满结束。

当时,我问过那位部门经理:"请问,您刚才为什么说那个宣传语是'好意见'呢?"那位部门经理回答说:

安达先生,无论做什么工作,'最先提出方案的人'才算了不起。批评别人,谁都会,但最先提出方案是需要勇气的。最重要的是我们必须拼命学习,这样才不会被大家瞧不起。在工作当中,理所应当要尊重最先提出方案的人。

那一刻,我恍然大悟。虽然第一个发言的年轻人提出来的广告方案很拙劣,但活跃了会议气氛,为最终制订新方案创造了契机。

这才是聪明的表现。

就像批评那位年轻人所提广告方案的那些人一样,为了装聪明,他们会认为,与其先开口,不如先听别人说。然而,受到好评的是第一个发言的年轻人。由此可见,有"聪明的表现"与"装聪明"完全是两回事。

产生信赖感的瞬间

我进入咨询公司满 8 个月后，被一家客户公司的老板问过"安达先生，你怎么了，不要紧吗？"这样的话。大约半年后，与这家公司的项目也结束了。值得感激的是，之后我们续签了合同，那位老板还对我表示了感谢。我和这位老板的关系一直维持到现在，我也得以继续担任顾问多年。

那么，一个初出茅庐的年轻人，为什么能够给已经在行业内工作 30 年之久的老板当顾问呢？

这首先取决于老板的心态。一开始，老板会这样想：

"把这个工作交给这个人没问题吗？（他能好好考虑吗）"

后来，老板会这样评价：

"这人真优秀！（他想得很周到）"

这位老板肯定经历了上面这种看法转变的过程。

但是，对方仅仅觉得"你很优秀"，下次就还会把工作交给你吗？ 未必。要想持续获得工作并建立长期关系，信任是必不可少的。想让对方产生信赖感，只靠"优秀"是不够的。也就是说，如果只是单纯的"聪明"，那就仅仅是聪明而已，有可能不会有结果。

对方建立信任的瞬间，心情是这样的："这个人考虑得很周到啊，是真正为我们着想的人。"当对方有这种心情时，信赖感就产生了，由此就能建立起长期关系。

以房地产销售为例，当你看透了销售人员只在意自己的销售任务而不关心其他，你还会从他那里购买房子吗？

也许这位销售人员很聪明，但是作为客户，你不仅不信任他，还会怀疑：这个人真的在为我考虑吗？

相反，当你真正发自内心地认为这个销售在为你考虑，你不仅会从他那里买房子，连下次搬家的时候也会想拜托这个人吧？

不只在商务场合，在生活中也是一样，很多人都想和"为他们考虑得很周到"的人建立长期关系。

本书将告诉你从被客户问"你可以吗？""不要紧吗？"开始，到真正做到"认真思考"，再到"为他人着想、考虑周全"的整个过程，即要传达的是恢复信任、打动人心的方法。

如何回答"你觉得怎样？"

好吧，等了这么久，现在我们来回答前言中的那个"测试你在说话之前进行了多少思考"的问题。

问题 2

"这件衣服,蓝色和白色,你觉得哪个更好看?"男女朋友约会购物时,如果对方这样问你,你怎么回答?

我和妻子逛街购物时经常会被问到这个问题。大家或许都遇到过被另一半逼着回答此类选择题的情形。

当初,我什么都没想,只是凭直觉回答:"我觉得白色比较好看。"这样回答是因为白色的那件是我喜欢的。不知为什么,听完我的回答,妻子有些不高兴。

也许有人会想,当被问到"你觉得哪个更好"时,就不能坦率地说出自己的想法吗?

正是在这种突发状况下,是否在思考,"认真思考"的人和"不认真思考"的人就会产生差异。

比如开会时,上司突然发问:"你觉得呢?"或者商务洽谈时,客户突然问你:"请问,你怎么看?"你该怎么回答呢?

遇到这样的情况,即在所谓自由交谈的瞬间,智慧就会显现出来。

回到之前的问题,该怎么回答"这件衣服,蓝色和白色,你觉得哪个更好看?"最恰当的回答应该是:"白色和蓝色,你觉得分别好在哪里?"

当我坦率地回答"白色比较好"时，我和妻子的对话是这样的：

🙍‍♀️ 这件衣服，蓝色和白色，你觉得哪个更好看？
🙍 呃……白色的更好看吧？
🙍‍♀️ 是吗？嗯……

或许我也可以这样回答："两种颜色都很适合你！"对话是这样的：

🙍‍♀️ 这件衣服，蓝色和白色，你觉得哪个更好看？
🙍 两种颜色都很适合你！
🙍‍♀️ 嗯，是吗，好吧，谢谢……

那么，接下来看一下，当回答是"白色和蓝色，你觉得分别好在哪里？"时的情况又如何呢？

🙍‍♀️ 这件衣服，蓝色和白色，你觉得哪个更好看？
🙍 白色和蓝色，你觉得分别好在哪里？
🙍‍♀️ 我喜欢蓝色的款式，但白色的会不会更适合这次旅行的目的地……

😊 说真的，你觉得哪个好呢？

😊 我喜欢蓝色……

😊 如果是为了适合这次要去的地方，我觉得蓝色也可以，而且蓝色在什么地方都很合适。

😊 哦，是这样啊，好的，那就这么定吧。谢谢！

有一次，我问妻子，为什么当我直截了当地回答"白色好看"，她会不高兴，她说："因为我觉得你根本没为我着想。"

生活也是如此，不管是朋友还是爱人，当你觉得"这个人很为我着想"时，才想继续聊下去。

那一瞬间，我觉得在咨询公司学到的沟通能力（社会智力）也可以用在日常生活中。

顺便提一句，有些人在回答"这件衣服，蓝色和白色，你觉得哪个更好看？"时，会炫耀自己对潮流的了解："从最近流行的时尚趋势来看……"然后滔滔不绝地大讲特讲。

大家明白了吧？这就是"装聪明"。

黄金法则 3

人们信任考虑周全的人

第 4 章

聪明人从不试图驳倒他人

受电视影响总想驳倒他人的人

近年来，"驳倒"这个词被频繁使用，电视和网络综艺平台经常播放"驳倒秀"一类的节目。"来，驳倒！"之类的话语也很流行，应该是受了这类电视节目的影响。

那些试图反驳他人的人，绝对不是聪明之人。即使这些人能够驳倒对方，也不会得到对方的信任，反而可能招致怨恨，即便很有逻辑地说服了对方，也无法打动对方的内心，使其有所行动。

现在的电视节目已经不想通过讨论找出比较好的问题解决方案了，而要彻底变成一种表演，给观众展现类似职业摔跤比赛选手之间的冲突。有些人受这些电视节目的影响，每次和人争论的时候，都想着要驳倒对方。他们给人的感觉像是受到职业摔跤的影响，在私下里突然想要施展职业摔跤技能一样。这在关系比较好的朋友之间或许可以当作玩笑，但在商务场合，只会被别人瞧不起。

聪明人绝对不会试图驳倒对方，即使争论，也不会拘泥于胜负，而是会有意识地促使争论往下进行，进而推进工作。作为顾问，我也曾被灌输过这种"不反驳"的思想。

不要跟人"斗"，而要跟问题"斗"。

擅长处理客户投诉的人都有哪些特征?

我的一位朋友说:"从一个人处理客户投诉的方式可以看出这个人的工作能力到底怎样。"他曾是一家家具店的全职员工,他说很多人都尽量回避处理投诉,因为这不会直接带来销售额的提升。正因为如此,恰恰是那些善于处理投诉的人,反而会得到上至上司、下至兼职人员的信赖,从而步步高升,出人头地。

有一天,这家家具店正准备打烊,这时有客户突然打来电话。

"橱柜刚送到,抽屉底部有个小划痕,你们现在马上过来换!"客户的语气听起来好像非常生气。

据说,当时配送员的态度也很差。经过查询,店员发现当时没有库存,调货也需要四天的时间。当店员给客户说明这一情况时,客户非常生气地说:

"开什么玩笑?我要你们现在马上过来更换!"即便如此,因为没有货,所以根本没办法给客户送货。

在这种情况下，那些不擅长处理客户投诉的人就会觉得"做不到就是做不到啊"，然后试图说服对方，无形中站在了客户的对立面，最终导致沟通不畅。当我的那位朋友出面解决时，他没有试图说服对方，而是认真地倾听了客户的需求后，采取了如下的处理方式：

  😀 "请问，您明天还上班吗？"我的这位朋友问。
  😠 "不，明天开始放三天假，我还打算和家人一起去旅行呢。孩子们也很期待，所以你们快点送过来！"
  😀 "哦，明白了，所以今天……"我的这位朋友说。
  😠 客户紧接着说："今天从旧橱柜里拿出了一家五口的餐具，现在就等新橱柜送到了。"

他终于明白客户为什么这么生气了，不是因为橱柜抽屉底部的划痕，也不是因为配送员的态度，而是客户本打算在更换新橱柜之后，带着舒畅的心情从明天开始和家人一起去旅行，结果好心情就这样被带有划痕的新橱柜破坏殆尽，难怪会生气。

这才是客户所提问题的本质所在。

但是橱柜没有库存也是事实，于是我的这位朋友从隔壁店铺的展品中买来尽可能状况良好的抽屉，另外又买了一样东西，一起带去了客户家。

那么，问题来了。

问题 3

请问，我的这位朋友买了什么东西连同抽屉一起送到正生着气的客户的家里呢？

如果换成是你，你会怎么做？

答案是，他带了孩子们喜欢的卡通人点心与果冻组合套餐，并跟客户说：

> 我们这次先从其他店铺带来了完好无损的抽屉，虽然用的是展品，但不影响新品的订购，新品将在最短时间内到货。这是我们的一点心意，如果不介意，请您和家人在旅途的车上吃吧。

他知道客户想要心情舒畅地去旅行，于是送了点心，让客户能有一个更加愉快的旅程。结果，客户像什么事也没发生似的说了声"谢谢！"，后来也没有换新的抽屉，直接接受了展品。

不在乎输赢

如果我的这位朋友在那儿有逻辑地说明不能马上送货的理由，会怎么样呢？可想而知，客户不仅不会接受，反而会更加生气。

聪明人不在乎争论的输赢，而是会看清隐藏在争论深处的本质。之所以引发争论，是因为其背后隐藏着某种想法。

"认真思考后再说话"意味着"从对方的话语中找出隐藏的含义之后再发言"。这不是学校智力而是社会智力。

黄金法则 4

不要跟人"斗"，而要跟问题"斗"

第 5 章

不能只是「说得好」

只会"说话的技巧",无法打动人心

问题 4

"我喜欢你,我们交往吧。"

"对不起,我们不合适。"

假如你的朋友对着自己喜欢的人这样表白之后被拒绝了,你认为他/她被拒绝的原因是什么?

① 表白的方法不当

② 表白之前,没有好好思考

如果没有特殊情况,答案应该是②。尽管如此,可能你和很多人会认为这是"表白的方法不当",然后拼命学习"高明的表白技巧"与"巧妙的情书写法"。

我很能理解这样的心情,这种想法越是强烈,你就越想拼命传达自己的想法。但是,你不觉得即使再浪漫的表白或者再感人的情书,得到的答案依旧会是"对不起"吗?或许对你"出色"的表白,对方答复时会加上"谢谢,我很高兴"或者"不是因为你不好"之类的话语。这种情况下,即使你传达了想法,对方也不会被打动,结果还是一样。

仅仅记住相关模板就能有效传达信息吗？

　　以恋爱打比方，很多人都容易理解，但在恋爱之外，尤其是在商务场合，很多人不明白"为什么无法有效传达信息"，然后，努力改善自己的"表白方式"，也就是说话技巧。

　　书店的商务类书籍区，摆放着很多关于说话技巧方面的书。越是认真的人，越试图通过阅读这些书来改善说话方式。

　　我也曾买过关于说话、闲聊、解释等方面技巧类的书，其中很多都包含"模板"和"规则"。我原本以为只要套用这些模板，就可以把自己的意思表达出来。我可以使用时髦的措辞和看似聪明的解释描述事情。我觉得即使是同样的内容，只要改变说话的方式，就能很好地传达自己的意思。但实际上根本无法有效传达信息，即使传达了，也根本无法打动对方。这种事情经常发生。

　　套用了模板，表面上看似认真思考过了，实际上，只套用模板无法与思考后所得的结果相提并论。那种简单的套用，简直可以归结为一句口号："套用模板即可，省去思考的时间。"套用模板以后，乍一看是很好的演示，但如果你没有经过好好思考，就无法回答更深入的问题。

　　人与人之间的信任并不是在套用模板演示的瞬间产生的，

而是在之后的双向交流中建立起来的。在研讨会上，"答疑"时间越长，与客户的交流越深入，满意度就越高。

不用特意"闲聊"

广告文案撰稿人谷山雅计在《广告文案写作读本》中这样写道："不能只是'写好企划书'。"如果你还没具备写好企划书的能力，又要写出一份体面的企划书，那么，你"有可能会把从来没考虑过的事情当作考虑了很久的事情来写，或者是装模作样地拼凑"。谷山先生认为，无论如何，最重要的还是要具备思考能力，能够想出好的企划来。

说话方式也一样。在有些说话技巧类的书中，介绍了 30 到 40 种的模板，但我认为与其记住那么多模板，还不如记住其他更重要的方面。另外，有一本介绍闲聊的书中记载了 60 条规则。如此，套用规则的聊天就不是闲聊了，闲聊嘛，就是没必要特意去聊。

我们知道，闲聊也会产生创意。在闲聊中，你会发现你和对方有着意想不到的共同点，因而聊得起劲。不过，能有如此高密度共识的聊天其实是因为有以往的交流和平时的思考积累作基础。

像从事相声、说书表演的落语家或者研讨会的讲师那样以说话为本职工作的人姑且不论，仅就普通人而言，认真思考，然后把自己想说的话说出来就可以了，完全没必要记住几十个模板和规则。

当然，在认真思考的基础上，如果能改善说话的方式，你就能提高传达信息的能力。

创作过"把心也加满"（日本科斯莫石油公司广告语）、"万千瞩目有夏普"（夏普公司广告语）等广告语的日本知名广告人仲畑贵志写过一篇题为《人工智能和创造者》的文章，从中我们也可以看出，就算你记住了模板和规则，也无法真正打动人心。

仲畑贵志的这篇文章载于《宣传会议》杂志2019年9月刊：

> "电通开发出了自动制作广告文案的AI'AICO'，把我之前的文案全部植入其中。结果，AI用我经常使用的词语创作出了带有奇怪短语的文案，虽然其中有一些有趣的表达，但终归是'错误转换'引发的有趣，注定达不到深入人心的程度。"

从原理上说，AI擅长按照固定的模式输出，不擅长发挥独创性。因此，"只套用模板的工作方式"今后将被AI取代。

我刚进入咨询公司时，上司就曾为沟通问题和我说过："你可以保持沉默，事实上，你应该主动保持沉默。"

听到这番话，当时笨嘴拙舌的我非常惊讶，同时有些许的释然，因为我一直认为"沟通能力强＝很会说话"。我把我的感受告诉他，他说："注意说话方式没错，但没必要说得特别好。"初出茅庐的我并没有理解这句话的真正含义，依旧觉得"还是会说话比较好吧"。

现在，我明白了这句话的意思。会说话并不是坏事，但是把提高说话技巧作为目标，不仅没有意义，还会起到反作用。因为会说话的人很容易"假装聪明"。如果你是一名学生，还可以依靠可爱和当时的气氛去应对，但这种表面上的沟通方式只适合年轻的时候，一旦年龄增长就行不通了。

请记住，即使你的口才不亚于优秀的演讲者，要想达到预期效果也并非易事。这就好比即使你完全模仿搞笑艺人讲的"笑话"，也不可能引起爆笑。

越认真越陷入"技巧的困境"

近年来，光靠花言巧语显然已不再奏效。政治家在社交网站上"好像说了什么，又好像什么都没说"，他们这些言之无物的发言被大家当作笑料。以前艺人和企业高管的口无遮拦不会出现在公众面前，现在却越来越引人注目。

原本是小范围发言当中的一句玩笑话，在社交网站上却迅速扩散，当事人因此不得不道歉。这类情形，你在新闻上也看到过吧？

看到名人在网络上短时间内被曝出大量负面新闻，有些人可能会想："那个人为什么会说那样的话呢？"因为人很难时刻都保持警惕，不管说话多么小心，也会有露出破绽的时候。

无论是工作还是生活，要想和某人建立长期的关系，信赖感是不可缺少的。成为社会人所需的聪明是伴随着信赖感的聪明。

刚进入职场时，为了让周围人觉得我是聪明人，曾经有一段时间我拼命装出聪明的样子，准确地说，是分不清装聪明和在行动上有聪明表现之间的区别。

有一次，一个客户对我说："安达先生，这种事情别糊弄我了，请你说清楚。"

很明显，我当时在某事上装聪明，但很遗憾，装得越聪明，就显得越愚蠢。

只有当事人自己才认为可以蒙混过关，特别聪明的人，很快就会识破。你不能仅凭你说话的方式来赢得别人的信任。我也是后来才意识到这一点的。当时的我陷入依赖技巧的困境。例如，关于如何说话、对谈、倾听的书籍中经常提到的一种技巧叫作"鹦鹉学舌"，这是向对方表明"正在倾听""产生共鸣"的重要技巧。

但试想一下，如果每次都鹦鹉学舌，对方会怎么想？会不会认为："你到底有没有认真听我说话？你当我是傻子吗？"明明想表现自己在认真倾听对方说话，反而让人怀疑你"没有在听"；明明想让对方觉得你很聪明，反而会让人觉得你很愚蠢。真是越认真，就越陷入"技巧的困境"。

再次强调，说话前要认真思考，既不要套用模板，也不要利用技巧装聪明。话虽如此，也还是有依赖模板的时候。重要的是，把"模板"仅仅当作思考的"契机"。如果套用模板，能发现自己思考的缺点，那就能加深思考。如果传达无效，那就不是说话方式不好，而是思考太肤浅了。

这就是聪明人的思维理念，也是提高思维质量的关键。

| 黄金法则 5

无法有效传达信息的原因不在于说话技巧不够好，而在于思考不足

第 6 章

当知识转化为智慧

聪明人"假装不知道"而不是"假装聪明"

我来给大家介绍一下 A 先生,他是教会我工作真谛的人之一。A 先生头脑清晰,深受公司同事和客户的敬佩。他对市场营销非常了解,还写过书,演讲总是场场爆满,非常受欢迎。

然而,在客户面前,他不仅没有炫耀自己的能力和知识,反而彻底地"装不知道"。

我从他的行为中体会到,**真正聪明的人不是假装聪明,而是能够"假装不知道"**。

比如,某公司的营销经理和 A 先生的对话是这样的:

🙂 从安达先生那里听说了您的事,无论如何都想和您商量一下。

🙂 谢谢您。

🙂 上个月我们推出了一款新产品,发布了新闻稿,还开通了专门的网站,但反响平平。我们只从网站上收到了一些咨询。

🙂 啊,反响平平……

🙂 我们可是下足了功夫,做足了工作。

🙂 这里写的"三个特点"确实是新产品的卖点吗?

🙂 是的。

😊 原来如此，我明白了。

😊 有什么特别在意的地方吗？

😊 没有，没有，如果不介意的话，能不能告诉我，大家觉得是什么原因呢？

其实，A先生一眼就看出客户的新闻稿出了什么问题，但他什么也没说。客户只有在提示和催促下才会自己说出原因。

😊 现在公司内部认为原因是没有做到差异化。

😊 哪里和竞争对手不一样呢？

😊 在品质方面具备压倒性的优势。

😊 具体在品质上有什么不同呢？

😊 这个嘛，具体我也不是很清楚……喂，把负责人叫来。

然后，项目负责人被叫来，A先生对项目负责人也是同样的态度，问了同样的问题：

😊 这个部分能请您再详细解释一下吗？

😊 这样解释还难以理解吗？

😊 不，不，我只是有点在意和好奇。

喂喂，这样解释还是很难理解啊。

这样啊……

是啊，稍微礼貌一点也可以。

不可思议的是，虽然 A 先生只是"逐一询问"客户，结果客户的营销经理和项目负责人都自己解决了问题，并且觉得"我早该这样做了"，然后非常满意地回去了。

后来那位营销经理给我发了邮件，那封邮件对 A 先生的评价很好，认为他是一个富有智慧且值得信赖的人，并对我的从中引荐表达感激之情。

不要轻易提建议

然而，在整个过程中，A 先生几乎没有发表自己的看法。他有市场营销的专业知识，也有针对客户咨询的正确答案，但他主要是在倾听对方的意见。在了解了营销经理和项目负责人对市场营销的想法之后，他最后只是稍微陈述了一下自己的意见而已。

进入咨询公司以后，我被教导不要轻易提建议、不要轻易发表意见，要先让对方说话。这些教导让我非常吃惊，因为我一直认为咨询顾问的工作就是提建议。

人是一种想要讲述自己故事的生物，一旦有了知识，就想炫耀。

A 先生在市场营销方面的专业知识远远多于客户，所以他原本可以草草听完对方的话，然后就开始讲"市场营销应该如何如何"。但是，A 先生没有这么做。因为，**知识不是用来炫耀的，并且只有在服务于他人且能落到实处时才能成为智慧。**

与客户相比，A 先生在市场营销方面拥有压倒性的实力，但这些知识未必能为对方带来帮助。所以，A 先生一边听客户的意见，一边思考什么才是为客户着想，什么能真正给他们带来帮助。

如果 A 先生讲自己的营销知识，客户可能会因为"听了很好的内容"而感到心满意足，但这并不一定会导致具体的行动。更何况，即使给出了"你可以这样做"的答案，对方不能理解，也一样无法打动对方。A 先生是和客户一起思考，让客户自己意识到问题所在，并给予支持。

充满智慧的瞬间

再看一个例子。

一位男士带着一位女士来到咖啡店，假设这位男士对咖啡非常了解，当女士看菜单，想要从各种饮品中点牛奶咖啡时，这位男士说：

你知道拿铁咖啡和牛奶咖啡的区别吗？牛奶咖啡，咖啡和牛奶的比例是5∶5；而拿铁咖啡，咖啡和牛奶的比例是2∶8。

如果他在开始时说这些话，那么他不过是在显摆知识、装聪明。

但是，如果那位女士问店员"请问，有没有低咖啡因咖啡"时，这位男士再说这样一番话，又会是怎样的情形呢？再听听男士另一个版本的回答：

如果不喜欢咖啡因的话，比起牛奶咖啡，拿铁咖啡可能更好。

是吗？

因为拿铁咖啡的咖啡因含量比牛奶咖啡少。

如果男士这样说，他就不是在显摆自己的知识，而是用他的知识给对方带来好处。

人们不会从那些只会自说自话、口若悬河地显摆自己知识的人身上感受到智慧。

重要的是,当你开口说话时,要从"能否让对方受益"的角度来考虑。当然,哪些知识能让对方受益,不试着和对方交谈是不知道的。

另外,关于建议,每个提出建议的人都是抱着为对方着想的心态。只是,在说话之前,**你要问问自己"这样真的是为对方好吗",然后你会发现,你只是想显摆自己的知识,自说自话而已。**

聪明人擅长客观地看待自己。在开口说话之前,站在对方的立场,就能客观地看待自己。

总而言之,说话前好好思考,不要显摆自己的知识,而是要想:"我要说的话真的能让对方受益吗?"尽管如此,人们还是很想炫耀自己。这与获得认可的欲求有关,而获得认可是人类的基本需求之一。

接下来,我们来谈谈这种认可欲求。

黄金法则 6

知识服务于他人且落到实处时才能成为智慧

第 7 章

「能控制认可欲求的人」才能成为沟通高手

精于读心术的田中角荣给秘书发出了什么指示？

在人际沟通中，有远比"会说话"更重要的事情，那就是"如何控制认可欲求"。

日本同志社大学的太田肇教授在他的著作《名誉比金钱更重要的动机论》中指出，人们渴望得到他人的认可和尊重，并由此获得激励。他将那些给予认可和尊重的人称为"认可者"。

从最近社交网络的兴起来看，人们或多或少都会受到"认可欲求"的驱使。几乎所有人都希望得到周围人的认可和赞赏。前面提到的"忍不住想要显摆自己的知识"，也是因为有这种认可欲求。

反过来说，如果能抑制自己的认可欲求，满足他人的认可欲求，你就有可能成为"沟通高手"。

被认为拥有"超凡魅力"并获得极大信任的政治家和企业经营者，往往都很擅长控制认可欲求。

按照日本学者服部龙二在其著作《田中角荣：昭和时代的光明与黑暗》中的记述，田中角荣作为日本最有影响力的政治家之一，曾派秘书给候选者送钱，他这样嘱咐秘书：

> "听好了，给候选者送钱的时候，只要你内心有一丝傲慢之意，就一定会表现在脸上，对方会百倍、千倍地感受到。这样一来，即使送去一二百万，也一文不值了。"

这也许就是田中角荣虽被称为金钱政客，却不令人讨厌的原因。

成为沟通高手的两个条件

田中角荣特意指示秘书在给对方送钱时一定要鞠躬，要郑重地请对方把钱收下。田中角荣明白，重要的不是"给钱"，而是"<u>在不伤害候选者自尊心的情况下给钱</u>"。

田中角荣后来因为受贿被捕，虽然这是一段让人哭笑不得的插曲，但我仍能理解他为什么如此受人支持，并且至今仍作为改变日本的政治家而闻名。

并非只有政治家需要赢得信任才能开展工作。

然而，在"自我控制"和"他人认可"之间取得平衡并非易事，因为在自我控制的同时欣赏他人需要一定的精神力量。

要控制认可欲求，成为沟通高手，需要具备两个条件。

| 条件1 | 要有自信。

低自尊、不自信的人无法很好地认可别人。自尊是一种自我尊重和接受自己的态度。低自尊的人自己无法肯定自己，所以需要他人的认可。

即使是一眼看去在社会上取得成功的人，如果自尊感低，只能"要求他人认可"，那么他就处在"渴望被认可的立场"，因此在沟通方面可以说是弱者。

| 条件2 | 用结果而不是空谈（自我展示）来证明自己的能力。

"哦，是吗？好厉害啊！说起来我……"有些人一听到什么事情，就总想抢着说自己的事情。这些人尽管也回应对方，但是会立刻把话题引到自己身上。他们一旦得到"别人的认可"，就不得不为了保持平衡而说自己的事情。然而，这只是想要通过自我展示获得认可而已，并不是沟通高手的特质。

一个有很强沟通能力的人，一个聪明而受人崇拜的人，其态度就是一边赞美别人，一边摆出一副"我没什么了不起"的样子。要想控制认可欲求，成为沟通高手，就必须强烈地认识到，不要试图用自己的说辞（自我展示）来获得他人的认可，他人的认可是通过结果获得的。

超凡魅力是如何产生的？

也许有人会想："如果我这样说，对方会不会认为我是个'没什么了不起的家伙'，因而瞧不起我呢？"没关系，无须担心。

沟通高手的内心是这样的："如果对方想要得到认可，我就尽量给予。相反，我能否得到对方的认可，取决于我为他做了什么。"

他人认可与否，不取决于你的头衔。你不会因为自己是一把手或董事才被别人认可。仅凭你的头衔就认可你的人，都是别有用心，想利用你的地位来献媚的人。

那么，人在什么时候想要认可他人呢？那就是"被亲切对待的时候"。

也就是说，做出成绩、善待他人的人，会得到他人的认可和信赖。渐渐地，那些取得成绩又与人为善的人就会被周围人称为"有超凡魅力的领袖人物"。

超凡魅力不是自封的。很多被善待过的人都会到处宣扬"这个人很出色",慢慢地,这个人就被神化了。

实际上,直接接触拥有超凡魅力的人,你会发现他给人的感觉非常好,甚至比想象中还要亲切。我看到有人见到名人后,评论说他们"出奇地普通",这才是真实的反应。

我曾见过一位非常善于满足员工认可欲求的管理者。他记得自己公司每一位员工孩子的考试日期,一到考试当天,他就说:"如果你担心你儿子的考试,今天就早点下班吧。"或者在员工配偶生日当天送上鲜花,最重要的是在细节中践行对他人的善意。

当然,这是管理者有意为之的。这一系列的行动不是"表面功夫",而是认真的。因此,员工们会说:"那个老板真的很不错,我们能感觉到他的超凡魅力。"因此,善于沟通的高手,能够取得对方的信任,是因为他的出发点是满足别人的认可欲求,而不是等着自己的认可欲求被满足。

有些人错误地认为,只有出人头地,有了头衔,才会得到他人的认可,这是错的。当然,有些人出于商业目的而依赖该头衔。但请记住,他人的信赖并不是靠头衔就能获得的。只有那些在有头衔的基础上还能够善待他人的人,才能获得绝对的信任。

高层给予善意和认可，而亲信提供忠诚和权力的根基。严格说来，这是一种相互"给予"的互惠关系，而不是像古罗马宗主（主要是贵族）和藩属（侍奉贵族的随从）的关系那样，只是单方面的支配。

| 黄金法则 7

成为满足别人认可欲求的一方

同时带来"智慧"和"信赖"的
七个黄金法则

No.❶ 无论如何都不要马上开口 回应

No.❷ 聪明与否由 他人 认定

No.❸ 人们信任 考虑周全 的人

No.❹ 不要跟人"斗"，而要跟 问题 "斗"

No.5 无法有效传达信息的原因不在于说话技巧不够好，而在于 思考 不足

No.6 知识服务于 他人 且落到实处时才能成为智慧

No.7 成为 满足 别人认可欲求的一方

让你每次说话都能变聪明的表格

七个黄金法则是基本思想,
也是一种哲学。

接下来,
我们将以这一哲学为基础,
进行深度思考。

下面介绍五种具体的方法。

掌握了七个黄金法则和五种思考方法，你一定会成为"聪明人"。

第二篇

如何深度思考，一下子成为聪明人

同时带来『智慧』和『信赖』的五种思考方法

深度思考的五个工具

❶「客观看待」思考法

❷「整理」思考法

❸「倾听」思考法

❹「提问」思考法

❺「语言化」思考法

第 1 章

首先，停止愚蠢的说话方式

「客观看待」思考法

在第二篇中，我将以第一篇中介绍的黄金法则为基础，告诉你如何深度思考，成为聪明人。

英特尔公司前CEO安迪·格鲁夫是硅谷企业家们最尊敬的管理者之一，他曾在自己的著作《格鲁夫给经理人的第一课》中提到，"不做什么"与"做什么"同等重要。

同样，为了成为聪明人，"不做什么"和"做什么"也同等重要，因此，首先从"不说蠢话"开始，就能学到"客观看待"事物的思考方法。

总的来说，聪明人擅长客观地看待事物。我们也可以通过客观地审视自己的言论来掌握深度思考的方法。

让人看起来愚蠢的三个"瞬间"

我们来看一段办公室对话:

🧒 前辈,我昨天在电视上看到,要想提高年薪,英语能力和会计知识好像很重要。我该怎样学习才好呢?

🤓 呃……佐藤君的工作既不涉及英语也不涉及会计吧?

🧒 但在全球化的背景下,英语无疑是非常重要的吧?

🤓 我也没说不重要……可是,全球化与佐藤君的工作究竟有什么关系呢?

🧒 不,最近大家不都在说全球化吗?客户也提出"推进全球化"。

🤓 我也不否定,但是推进全球化是什么意思呢?

🧒 呃,这个嘛……详细情况我也没问……

🤓 好吧,加油。

显然,前辈认定这位后辈是"没有好好思考的家伙"。

说话过于肤浅的三个理由

"说话肤浅"的人在说话时有以下三个特征：

一、缺乏根据；

二、不仔细思考词语的"含义"或"定义"就使用；

三、不了解经过或来龙去脉。

如果说话的人符合这些特征，听者就会觉得"这个人说话太肤浅了"。但是，这种问题非常普遍，任何人，包括我在内，都不知不觉地在用这种方式说话。因此，有意识地注意这些要点非常重要。

需要注意的是，话题和主题并不能决定谈话的深浅。比如，即使是谈论政治，有些人说话也很肤浅；而就算是谈论流行的偶像和卡通动画的话题，有些人也会让你觉得很有深度。

我曾读过"日本坡道学会"（自称）创立者、日本搞笑艺人森田一义（艺名塔摩利）的著作《东京坡道美学入门》（修订版）。

在这本书的前言中，塔摩利先生提到自己初到东京时，发现东京是个坡道很多的地方，而且，他出生和长大的房子就在长长的坡道上。他在书中这样写道：

"人类的思维和观念概括起来可以分为倾斜思维和平面思维两大类。平面思维就是海德格尔思想。"

我很惊讶有人能在坡道话题上有这么多的解读，甚至有一位作家还提议"想就倾斜问题进行一次对话"。

当然，这并不是说只要谈论哲学就可以了。无论对哲学、坡道还是偶像话题，关键在于你如何深入研究它们。那么，让我们逐一来看一下。

"客观看待"思考法①
完全相信少量的信息，会显得很愚蠢

前面那段后辈与前辈的对话听起来像是这个后辈只相信在电视上看到的信息，并经常把它挂在嘴边。

这是让人觉得他说话太肤浅的首要一点。

若他人认为你的言谈仅基于"少量的、缺乏根据的信息"，那么很遗憾，你说的话听起来就很肤浅。

这不仅限于媒体上的信息，例如：

"我认识的一个上市公司董事说……"

"东京大学毕业后在摩根士丹利担任基金经理的某某先

生说……"

"某政党干部给我提供了方便……"

"这是拥有 100 万粉丝的某某先生推荐的……"

诸如此类,说话时以名人或政治家言行为例证的人也是一样。**若仅凭对方是名人或头衔显赫,便轻易相信其所提供的信息准确无误,那么很遗憾,这样的人也会被认为是"说话肤浅的人"。**

"大型媒体报道""知名人士推荐"……有时候为了说服对方或者在讨价还价时,或多或少不得不引用这类权威的例子。但问题是"不知道权威为什么这样说"就直接引用,这就如同不知道队伍的前方是什么,只是因为"要排队"而排队一样。

不知所以而发言的状态只是"借他人之口说话",显得说话人没有自己的观点。特别是在商务场合,如果经常这样,而当事人又没有实际的业绩,那么,这个人就不只让人觉得"肤浅"了,还会让人觉得"他的话不值得听"。

主观臆断太强会显得不聪明

说话肤浅的原因与"认知偏差"有很大关系。

日本信息文化研究所所长高桥昌一郎曾说,所谓偏差是指

"夸大、偏颇、扭曲",而"认知偏差"则指代偏见、成见、固执己见、歪曲的数据、主观臆断和误解等更广泛的范围。

如果话语中的认知偏差,也就是偏见、先入为主的观念和主观臆断很强,那么聪明人听起来会感觉很浅薄,还会产生"你有没有认真思考?"这样的印象。

聪明人会尽量准确客观地看待事物,尽可能有意识地去正视自己的偏见。

每个人都会存在认知偏差。也正因如此,只要能对偏差有少许的觉知,就能成为"善于思考的人"。不过,认知偏差的种类有很多,在这里先介绍两个需要在说话前注意的要点。

| 说话前应该注意的要点 1 |

证实偏差 —— 人们只看到自己想要看到的世界

证实偏差是指人们倾向于只收集对自己有利的信息,而忽视对自己不利的信息。人们只看到自己想要看到的世界。

假如你觉得某人形迹可疑,你就会只注意到那个人可疑的动作和言行。这也是证实偏差造成的。

人们都期望自己的直觉是正确的,因为这会让人感到轻松。所以,我们的大脑会自行收集直觉上认为正确的信息,与此相反,不符合直觉的信息就被忽略掉。

缺乏依据的人所说的话会让人感觉肤浅，是因为听的人认为"你只是收集了对自己有利的信息""那是你的臆断吧？"。即使当事人认为自己是在发表意见，但对听众来说，他们也只是在凭直觉表达，也就是说，并没有超出个人感想的范畴。

让我们回到前面提到的前辈和后辈的对话中，那个后辈可能原本就认为"英语和会计知识能提高年薪"，然后，碰巧在电视上看到了相同的观点，于是就更加确信自己的想法。他这么想着，就跟前辈说了。然而，作为听者的前辈可能会想："真的是这样吗？虽然听起来很有道理，但是，不学英语和会计也有提高年薪的方法吧？"

| 说话前应该注意的要点 2 |

事后聪明式偏差 —— 事后有了结果才高谈阔论的评论家式思维

如果一对明星夫妻宣布离婚，那么肯定会有人这么说："他们宣布结婚的时候我就知道他们一定会离婚！"

另外，在组织中，也经常能看到这样的情况。一直没有什么成果的年轻员工，通过努力，逐渐取得成果，最终出人头地。于是，那个员工刚进公司时曾经照顾过他的前辈就会这样说："他刚进公司的时候我就看出来了，有朝一日他一定会出人头地。想想看，他刚进公司时打招呼的方式……"

所谓"事后聪明式偏差"是指明明是知道结果后才做出判断，却好像在知道结果之前就已经预测到了一样。这种心理状态也可以说是评论家思维。

"我就知道那个项目会失败。"

"从第一次见面开始，我就觉得那个人很可疑。"

"他年轻的时候就与众不同。"

知道结果后再说话很容易。把故事讲得与结果一致，讲述者可以使周围的人恍然大悟："原来如此。"

如果你真的认为后辈将来会成功、会出人头地，那么你应该在他成功之前就说出来。比如："虽然，你现在可能不太顺利，但你一定会成功的，加油哦！"

这样一来，当那位后辈真的有一天出人头地时，他就会这样对你说："其实，在我一直不顺利、感到非常痛苦的时候，是前辈您鼓励了我。"

无论证实偏差也好，事后聪明式偏差也罢，当事人都会觉得自己在思考，但这是装聪明的典型。所以，为了避免说出这样的话，在说话之前请先停下来，这一点很重要。

聪明人说话前在想什么？

深入话题的两个诀窍

倘若意识到存在偏差，在说话之前停下来了，那接下来我们该怎么做呢？

在此，我将介绍将肤浅转为深入的两个诀窍。

我们回想一下，如果刚才那个后辈把这句"前辈，我昨天在电视上看到了，要想提高年薪……"改成以下说法，会怎样呢？

"我想，真的是这样吗？于是我查了一下，竟有人说为了提高年薪而学英语是没用的，为什么观点如此不同呢？"

或者："电视上宣称，学习英语能够提高年薪，但是根据某语言学习 App 的调查，全世界在学习语言上投入时间最多的是日本人。这莫非是英语教育行业用于营销的说辞？"

看到这里，你不觉得还应再多了解一些吗？关于深入话题，这里有两个要点：

① 查找与自己意见完全相反的意见；
② 查看统计数据。

如前所述，证实偏差意味着我们只收集对自己有利的信息，而对自己不利的信息则不自觉地忽略掉。也就是说，通过意识到确认偏差并刻意识别对你不利的信息，我们就能深入思考，并将话题引向深入。这是深入话题的第一个诀窍。

在这里，我们还可以找到与"学习英语和会计就能提高年薪"相反的意见。我们可能还会看到其他观点，如"换个地方住，会提高年薪"。

接下来就是第二个诀窍，提出的是数据依据。

聪明人的数据搜索技巧

那么，应该如何通过调查来获取第二个诀窍需要的统计数据呢？单单是"调查技巧"本身就够一本书的体量，所以这里只介绍一些拿来就能用的简单诀窍。

一听到"查一下吧"，我想大部分人都会先搜索。但是，仅凭搜索这一项工作，聪明人和不聪明人就会产生差异。聪明人为了尽快找到准确的统计数据，会在搜索上下足功夫，因为数据的"来源"很重要。

私营企业发布的数据可信度不高，因为它们可能源于对自身业务有利的任意调查。例如，在电视购物中介绍的数据，只使用能让人产生购买欲望的数据。与此相比，虽然大学或者政府公布的数据不是百分之百可信，但相对是客观的。所以，从一开始我们就寻找这样的数据会更快满足诉求。

具体来说，在网上搜索的时候，我们可以在搜索词后面加上空格，然后加上"site:.go.jp"。这是指定目标网站的域名进行搜索的选项，输入后，只会显示政府域名的网站。政府机关提供的信息基本上都是经过验证的数据，所以在某种程度上我们可以获得可信的数据。

另外，和政府域名"site:.go.jp"一样，也可以在末尾加上"综研"或"site:.ac.jp"，通过搜索智库和大学发布的信息，我们可以快速找到可信度较高的统计数据。

在这里，我介绍了一种简单的搜索技巧，这种数据获取方法如此重要，以至于新员工在进入咨询公司后，需要接受整整两天的培训。

这些新员工在培训中将学到，询问当事人很重要，换句话说，就是要掌握第一手信息。然后，作为补充，他们会学习通过国立国会图书馆和日经数据库等资料来源对报纸、杂志、书籍、论文进行横向调查。不过，对于从来没有接触过第一手信息和统计数据的人来说，一开始就去国立国会图书馆，或者通过日经数据库查论文，可能门槛比较高，而且要花费时间和精力。

要有意识地直面偏差,接触或查阅与自己观点相反的意见或统计数据,进行深入思考。

"客观看待"思考法②
对语言敏感

我刚进公司时向上司提问题,但他问我的问题却让我愣住了。

🧒 请问,帮助客户解决问题是咨询顾问的工作,对吧?
🧒 安达君,你是明白了这句话的意思之后才这么问的吗?

大家知道当时上司的问题为什么让我愣住了吗?

"成年人"才应该查词典

我刚进咨询公司的时候,被严格要求"使用能减少认知偏差的语言"。因此,开会时必须随身携带词典(当时还没有智能手机,只能使用纸质或电子词典)。现在,对我来说,无论是作为咨询顾问,还是作为企业经营者,这段经历对与来自不同行业、不同价值观的人交流与合作都很有帮助。

不仅是咨询行业的前辈和上司，客户公司里所有优秀的人也都对语言的含义非常敏感。

"安达先生，这个词的意思，我这么理解没问题吧？"类似这样的问题，客户跟我确认过好多次。我的上司对措辞要求严格，甚至连"沟通"这个词都避免轻易使用。

对定义的理解因人而异

例如，公司下达了"提高内部沟通频率"的指示。这种情况下的沟通是什么意思呢？有的人可能把沟通理解成"面对面交谈"，从而增加出勤天数；有的人则把电子邮件和线上聊天作为沟通的一部分，在不出勤的情况下，通过线上方式来增加对话的次数。

把沟通理解为"面对面交谈"的人可能会对那些提倡用电子邮件、聊天工具、发短信等线上工具来沟通的人表示焦躁不满:"为什么那家伙不出勤?"

由于对词语定义的认识不一致,经常会引发不必要的纷争。

即使像"扔垃圾"这样看似简单的事情也一样。假设妻子让丈夫扔垃圾,丈夫认为的"扔垃圾"就是"把装有垃圾的垃圾袋拿到垃圾回收点",于是他就这样做了。但是,如果妻子认为"把垃圾集中起来,整理好,拿到垃圾回收点,把垃圾袋放在空垃圾桶里"才算是"扔垃圾",那么,她很可能对只把垃圾袋拿到垃圾回收点的丈夫非常生气:"你倒是好好干啊!"

聪明人说话之前选用词语时,会预先设想"如果我使用这个词,对方会理解成什么意思",然后,明确词语的定义,而从来不使用定义模糊的词语。

换句话说,"好好思考之后再说话"就是思考对方会把接收到的词理解成什么意思,尽量避免定义上的分歧。

大家最近查词典吗?

我想我们长大后查词典的机会会大大减少。然而,恰恰是在商务场合,你与价值观不同的人交换意见时,反而更应该查词典,对词语的含义和定义保持敏感。

第二篇　如何深度思考，一下子成为聪明人

没好好理解外文的意思就使用，是典型的"自作聪明"。

外来语尤其需要注意，比如没能理解意思就使用英语，会显得"没有经过思考"。

> Agenda（议事日程）……
> Initiative（倡议）
> Consensus（共识）……

只会用洋文装聪明的人

OK，今天 discussion 的主题是如何在与其他公司的 collaboration 中体现 value。我们要在决策中 balance risk 和 return。

如果有人这样说话，那我们认为这人应该不怎么聪明。

· "discussion" 是"讨论"还是单纯的"提出创意"？

87

- "collaboration"是指什么？
- "risk"是指"危险"还是"可能性"？
- "balance"意味着什么？

说这些话的人如果不理解这些词的含义，就会被认为是"装聪明的笨蛋"。

回到之前我作为职场新人时与上司问答的那段经历，我当时问上司："请问，帮助客户解决问题是咨询顾问的工作，对吧？"上司反问我："安达君，你是明白了这句话的意思之后才这么问的吗？"我当时之所以对上司的问题感到惊讶，是我根本没有理解"问题"和"课题"的真正含义。我所在的咨询公司是这么定义"问题"和"课题"的：

问题——麻烦的事情；

课题——需要解决的问题。

像这样平时经常使用的词语，我们有时也会不好好考虑其定义就随意使用。

特别是不要随意使用"课题"和"问题"等似是而非的词语，理解其细微的差异非常重要。以前日本国内雀巢咖啡的广告语中使用了"懂得差异的男人"这一说法，并作为主打内容长年以商业广告歌曲的形式播放。确实，懂得差异的人，都很聪明。

还有，意见和感想的差异是什么？客户和委托人有什么区别（咨询公司内部严格规定：不要叫客户，要叫委托人）？公关部和市场部有什么不同？诸如此类，关注身边相似的词语，查一下词典，然后在团队内部决定如何定义就可以了。

顺便说一下，本书中提到了几个"问题"，它们都是为了便于理解"说话前好好思考是怎么回事"的测试性问题。

要有意识地注意身边话语的微妙差异。

思考一下"管理"的定义

例如,我所在的企业组织很重视对"管理"这个词的定义,这个词想必无人不知,每个人在企业中也会经常用到,但实际上,"管理"是一个很难理解的词语,每个人对它的理解都存在差异。因此,在咨询过程中,必须举行"什么是管理"的主题研讨会,流程如下。请大家也跟着一起思考吧。

|1| 请自由说出所有能想到的以"××管理"为名的行为

首先,请列出你能想到的带有"管理"的词组:"××管理"。

预算管理、人事管理、销售管理、生产管理、进度管理、库存管理、日程管理、任务管理……

一般会得出这样的答案。这些主要是在工作中使用的"管理"。

但是,除了工作上的管理,有些人还会将范围延伸到生活中的管理。比如,健康管理、体重管理、饮食管理……情况大抵如此。

接下来，我们可以这样提问。

|2| 请思考符合所有"××管理"的"管理"的定义

对于只凭感觉理解"管理"的人，也就是没有好好思考过的人来说，这个问题应该是很难的。特别是公司里的"管理"和私人生活中的"管理"，很难有共同的定义，我们应该以此为契机好好思考这个问题。

参加主题研讨会的委托人通常会给出这样的回答。管理是指：

- 达到理想状态
- 统一控制
- 管控、调整
- 保持一定水平

哪个都没错，而且我非常理解委托人想说的话。但是，仅仅把这些作为"管理"的定义是不充分的，因为定义无论适用于什么样的"管理"，含义都必须是相通的。例如，"保持一定水平"在"品质管理"中是适用的，但在"日程管理"中会怎么样？

我参考了国际标准化组织（ISO）等机构，对"管理"一词进行了如下定义和说明：

管理狭义上是"控制"的意思。控制就是统一管控。品质管理一般是指在一定范围内对产品特性进行统一管控。

但是，"管理"这个词在广义上还有另外一层含义，那就是"经营管理"。

德鲁克将管理定义为"使组织取得成果的工具、功能、机构"。也就是说，管理以取得成果为目的。换言之，所谓"管理"就是制定目标，弄清目标与现实的差距，然后进行 PDCA 循环（管理循环），来缩小这些差距，从而取得成果。

我想很多人都知道 PDCA 由以下四个要素构成：

P（Plan）——计划

D（Do）——执行

C（Check）——检查

A（Act）——处理

也就是说，制订计划、付诸行动、检查是否正确、采取对策，这一系列的流程就包含了经营管理意义上的"管理"。

词语的定义改变"行动"

我所在的咨询公司从上到下做到这一点才算是"管理"。那么你们公司是怎样的呢？

大家可能会说，不，这个"管理"不适用于体重管理和日程管理吧？

假设现在要"进行体重管理"，有些人会单纯地想"不要再增加体重"就可以了，还有一些人会想"为了达到理想的体重，需要再减××公斤，所以每周都要锻炼身体合理安排膳食……"这样才能达到目的。

或者假设由你来管理老板的日程，你是单纯地认为日程管理是"为了不耽误其他活动而调整各种会议时间，以免相互冲突"，还是"为了实现理想的日程安排而合理规划"，两种不同的想法会改变你的言行。

老板想如何利用早晨时间？每周有一天不安排开会，会不会让人心情更舒畅一些？为了实现这个理想的日程安排，就应该减少会议吧？诸如此类。如果你把日程管理理解为"为了实现理想的日程安排而合理规划"，你就会发现有很多需要向老板确认并自己思考的事情。所以，像这样，你需要保持对语言的敏感，深入思考词语的定义，换言之，就是"提高思维的清晰度"。

请想象一下，分别用最新的智能手机和老式智能手机或者传统手机拍出来的照片，即使是同样的风景，呈现出来的效果也会完全不同。最新的智能手机分辨率很高，照片中近树和远山的界线更清晰；相反，旧机型手机分辨率低，照片中近树和远山的界线就很模糊。

说话时对词语的定义含糊不清，就像给人看老式手机或传统手机拍摄的低分辨率照片一样，想表达的内容无法传达，也就无法打动人心。对语言敏感意味着要明确词语的定义，这样才能更清晰地反映出你所看到的世界。

要想将"无意识地思考"转化为有针对性的"认真思考"，就必须明确词语的定义，提高思维的清晰度。

提高对语言的敏感度,思维的清晰度就会提高,你看到的世界和世界传达给你的方式也会随之改变。

"客观看待"思考法③
了解事情的来龙去脉

说话肤浅之人的第三个特征是"不了解事情的来龙去脉"。

现在，日本国内有一种说法："终身雇佣制已经行不通了"。的确，目前采用终身雇佣制的公司正在减少，但一概否定终身雇佣制也不太明智。

从社会氛围来看，终身雇佣制度不符合时代，在调查中也发现，存在很多对终身雇佣制度持否定态度的意见，或者有很多企业已经废除了终身雇佣制度。

读到这里，想必各位应该已经注意到了，这很有可能只是单纯的臆想。因此，像前面提到的那样，大家可以通过收集完全相反的意见和统计数据来进行认真思考。

然后，为了进一步深入思考，各位有必要"了解事情的来龙去脉"。也就是说，关于终身雇佣制，大家有必要在了解"引入终身雇佣制的经过"和"终身雇佣制普及的原因"的基础上再批判。

终身雇佣制在日本普及的原因

根据日本国立公文书馆介绍,终身雇佣制起源于"二战"前,是企业为了留住熟练工而推出的各种奖励制度之一。后来,到了战争时期,国家为了稳定劳动力,发布了《从业者移动防止令》和《工资统制令》,推进了职场固定化和工资控制。同时,为了抑制工人的不满,每年的工资增长和退休福利被设为半强制性,实现了工资制度的统一。

"有了稳定的工作保障,那就要为公司尽心尽力",这对于追求稳定的劳动者来说并不是一件坏事。在这样的背景下,"国家和企业要保障劳动者的生活"这一长期雇佣惯例在全体国民中普及开来,从"二战"之后一直延续至今,形成了"终身雇佣"的惯例。这也是经济高速增长的原动力之一。

关于日本终身雇佣制的优势,彼得·德鲁克在《卓有成效的管理者》当中是这样说的:

> 西方似乎已不得不对日本所取得的成就予以深思。众所周知,日本有一种"终身雇佣"制度……日本的这套制度,与日本今天所取得的巨大发展有什么关联呢?答案很简单:正因为日本有这套制度,故而他们可以闭上眼睛,不看人的短

> 处。尤为重要的是，由于日本的管理者不能开除人，所以他们只能从下属中发掘能做事的人。他们看人，只看人的长处。

某样东西即使现在没有很好地发挥作用，过去引入它也一定有充分的理由。知其所以然、深思其由，关键在于"悟其本源"。

为什么学生烧烤聚会引来那么多人？

通过了解事物的来龙去脉，我们也能想出与他人不同的创意。

想必大家都吃过户外烧烤（BBQ）。不论是和朋友、家人，还是在社团活动中，大家都有过这样的经历。那么，请回想一下，是什么样的烧烤呢？具体烤了什么？

那是我学生时代的事。有一次，我和几个朋友一起在户外烤肉，一个朋友这样问："BBQ……说起来……是什么呢？"

我愣了一下，因为之前吃过好多次烧烤，但从来没有想过烧烤到底是什么。在那之前，我一直认为很多人一起在户外烤着薄薄的肉和蔬菜吃就是烧烤。

于是，我查了一下随身携带的英日词典，想看看BBQ这个词到底是什么意思。结果，词典上是这样写的：BBQ 是指在户外烤整块肉以进行烹饪。

对我们来说，这个定义是新的发现。

不是说只要在户外烤肉就是 BBQ，而是说将肉"整个烤"才是真正的 BBQ。我们决定来一次"真正的 BBQ"，于是我们去业务超市[①]买了一整只鸡和一大块牛肉，开始在户外烧烤。路过的人和周围的人说："你们在干什么？看起来很有意思！"烧烤的气氛非常热烈，我们也和不认识的人进行了交流。

回归 BBQ 原意，一大块肉整个烤，引人驻足、围观赞叹

[①] 译者注——以便宜又独特为特点的大包装超市，最初主要面向业务量大的 B 端客户，后来逐渐向个人开放，现在主要针对普通消费者，商品以食品类为主，非常适合家庭储备。

虽然烤好从未烤过的大块肉很辛苦,但却是非常有趣的新体验。当时我们也并没有宣传"我们在做一件有趣的事!",但周围还是聚集了很多人。那一瞬间,我切身体会到了"思考"远比"说话方式和传达方法"更重要。

像这样,"了解事物的来龙去脉"不仅可能引发标新立异的想法,也可能像刚才提到的终身雇佣制的例子一样,成为深入讨论的基础。

对事物来说,我们讨论的是来龙去脉;对人来说,那就是"成长经历"。想必大家都有过这样类似的经验:朋友间互相分享各自的成长经历,会加深彼此间的了解,拉近彼此的距离。

调查来龙去脉的诀窍

我来介绍调查来龙去脉的两个诀窍。

首先,调查词源。BBQ(barbecue)这个词最早是西印度群岛的语言。

其次,调查传播的地方和地区。

包括美国在内的英语圈国家,很多词经常通过替换成发音相近的字母来缩写,如"you"缩写成"u"等。就BBQ(barbecue)

而言，将"be"缩写成"B"，将"cue"缩写成"Q"，"barBQ"的"bar"也略作"B"，最终变成了"BBQ"。

在这里，我建议大家试着调查一下自己正在从事的或将来想要从事行业的由来或起源。如果你在广告行业，你就查一下广告的词源；如果你在家具行业，你就查一下家具的词源。或许做到这一点，你就会改变对自己所在行业的看法。

关于BBQ（barbecue）的意思依然众说纷纭。根据《牛津现代英英词典》，"barbecue"来源于17世纪中叶的西班牙语"barbacoa"，是指在户外用明火将肉、鱼等食材用专门器具烹饪的饮食或聚会，原意是"保存风干的肉和鱼的木架"，来自阿拉瓦克语"barbakoa"（木桩支撑的木架）。

了解来龙去脉会产生标新立异的想法，也会引发深入的讨论。

第 2 章

为什么聪明人说的话容易让人理解？

「整理」思考法

到目前为止，我遇到的聪明人大部分都是说话容易让人理解的人。他们说话时，擅长用比喻和人们熟悉的语言把复杂的事情解释得通俗易懂。相反，只使用难懂的语言和专业术语的人，则不会被认为是有智慧的人。

在沟通能力直接关系到工作成果好坏的时代，说话难懂是致命的。

说话让人难以理解的上司不会受到尊重，也没有人想从说话让人听不懂的销售人员那里购买商品。

本章将围绕"为什么聪明人说的话容易让人理解？"这一主题，一边解读，一边加深思考，告诉大家成为聪明人的方法。

聪明人为什么能把难以理解的事情说得简单易懂

聪明人在说话之前会花时间去"理解"

那么，为什么聪明人即使谈论复杂的话题也能说得通俗易懂呢？那是因为他们"理解了事物的本质"。在不理解本质的情况下，任何一个人再怎么注意说话方式，也无法做到通俗易懂。看似通俗易懂的说话方式并不代表通俗易懂。

以"咨询"工作为例，这是一项实际情况与人们对它的印象大相径庭的工作，但真正理解咨询本质的人，即使对方是小学生也能通俗易懂地把它解释清楚。

街头巷尾，我们经常能听到这样的解释：咨询就是"帮助企业解决问题"或者"为管理者提供咨询服务"。

这个解释固然正确，但对小学生来说是不合适的，因为企业、问题、解决、管理者、咨询这些词，对小学生来说很可能难以理解。

所以，我们必须用小学生能理解的语言来解释"咨询"。比如，可以这样解释：

🧑 ××同学，你身体不舒服的时候，会去看医生，对吧？

👧 嗯，是。

🧑 公司也一样，也会有情况变差的时候。最糟糕的情况是公司倒闭。在那之前，有些公司就去找医生。

👧 嗯。

🧑 给公司专门看病的医生就是咨询顾问。

👧 是给开药吗？

🧑 是得开药，但首先要查清楚身体哪里不舒服，为什么会生病。

👧 看喉咙，或者用听诊器，是吗？

🧑 对了，那是在听身体的声音，但咨询顾问会去生病的公司，听老板怎么说，也会看看员工怎么工作。

👧 这样啊，是很重要的工作啊。

把咨询顾问比作医生是很常见的解释，但实际上并不太准确。咨询顾问和医生虽然有相似的地方，但在细节上有所不同。

不过，"找出问题并提供解决方案"这一本质是一样的，关键是要根据对方的接受水平进行解释，如果不理解本质，我们就无法做到这一点。

著名广告语诞生的瞬间

对于一名广告文案撰稿人来说,用简短的文字展现商品的魅力,进而打动消费者的心,是他必须做到的。

前面章节提到过的日本知名广告人仲畑贵志创作过一篇著名广告文案,那就是卫洗丽智能马桶盖(温水洗净便座)的广告。

如今,在日本的卫生间,卫洗丽已经是必备的物品了。但在 1981 年仲畑先生第一次接手制作卫洗丽的广告时,他曾这样质疑:"用热水冲洗屁股值十几万日元吗?"于是他直截了当地问负责人:"难道用纸擦屁股不行吗?"随后他在《这个古董就是你》一书中接着记述道:

> "产品研发人员回答说:'只用纸是擦不干净的。'
> "'可是,我们不是一直用纸擦吗?'
> "'那么,仲畑先生,请把这个颜料抹在手掌上。'
> "我把研发人员说的蓝色颜料抹在手掌上。
> "'请用纸巾擦一下。'
> "我用纸巾擦拭沾在手上的颜料。

> "'请看纸巾。'
>
> "我看着纸巾。
>
> "'纸巾上有颜料吗?'
>
> "不论我再擦多少次,纸巾上都已经沾不上颜料了。
>
> "'请看看手掌。'
>
> "我的手掌上,沿着皮肤的皱纹,残留着很多蓝色的颜料。
>
> "'屁股也一样,只有用水才能洗干净。'
>
> "我的大脑深处响起一声巨响。当时,我确信这个智能马桶盖肯定会卖得很好。"

即使擦屁股的手纸上没有粪便,屁股上也还留有粪便。看到沾了颜料的手和没沾颜料的纸巾,仲畑先生想出了那句著名的广告文案:"屁股也要洗一洗"。以这句广告文案为基础制作的商业广告,使卫洗丽瞬间成为大受欢迎的商品。

我认为,广告文案撰稿人是语言的编织者,**他们并不是用魔法般巧妙的语言来戳中人心,而是把重点放在深入理解产品乃至使用产品的人上**。可以说,这就是聪明人说话前的想法。

不论是打动人心,还是说得通俗易懂,这两者的程度都与理解的深度成正比。

思考就是整理

"理解了"和"整理好了"意义相同

前麦肯锡顾问波头亮在他的著作《思考、逻辑、分析：正确思考、正确理解的理论与实践》中提到，所谓"思考"，就是识别需要对比的信息要素是"相同"还是"不同"。

另外，脑科学家山鸟重在他的著作《"理解"意味着什么：认知的脑科学》中写道：我们的感知系统会反复进行"区分"和"识别"。

例如，将一根木棍状的物体识别成"铅笔"，就是把铅笔从其背景中"区分"出来，然后根据以往的视觉经验与相同物体进行对照来"识别"的行为。把不同的东西分开，把相同的东西归拢，这就是整理的过程。

想想当你整理一个杂乱房间时的情景。把不同种类的东西分开，把相同种类的东西放在同一个地方。反复进行这项工作，房间就会变得更加干净整洁。

也就是说，理解就是"分开"和整理。反过来说，无法理解就是"无法分开"、无法整理的状态。

再比如，专家和外行看一幅艺术价值较高的画和一幅没有艺术价值的画。

😀"这两幅画有什么不同吗？看起来都很不错。"这是外行人的真实反应。

🧐"完全不一样啊。颜色的使用方法和阴影的处理都很特别，非常有趣。"这是专家的反应。

专家能区分艺术价值高低不同的作品，外行则无法做到。

在日本，将以上情形娱乐化的是一档叫作《艺人等级鉴定》的综艺节目，该节目让出演的艺人同时听价值"1亿日元"和"10万日元"的乐器演奏，猜哪个是用1亿日元乐器演奏的；或者喝价值"100万日元"和"300万日元"的葡萄酒，猜哪个是100万日元的。

能否识别出乐器演奏的表现差异，分辨出葡萄酒之间的区别，取决于大脑能否区分出音高和共鸣的差异，味觉能否区分出葡萄酒的涩味和口感的差异。

这不仅适用于音乐演奏和美酒，也适用于艺术鉴赏，甚至适用于判断国际象棋和围棋的棋局以及政治策略等。专家能做出不同于外行人的判断，是因为他们在自己的专业领域有更高的"分辨能力"。想深入理解事物，就要看你能将目标事物分类整理到何种程度。

话语的易懂程度由理解的深度决定，而理解的深度由分类整理的程度决定。

"整理"思考法①
任何人都能学会从结论出发说话

说话让人难以理解的人往往无法从结论开始说起。

大多数人听到"我来总结一下……"这句话之后,都会期待"总结的话题",但现实中听到的却是"完全没有总结的话",这样不会总结的人并不少见。

例如,在夕会上(指下班前的总结会),主管让一位销售员对当天的工作做一个简短的总结,他是这样说的:

总结下今天的工作,早晨主管指出,再加把劲的话,应该能早一点接到订单,这让我很烦恼。对正在进行的项目,我也很想按主管的指示去推进,但这个项目离客户的决策层比较远,可能推动起来有点困难。如果大家有什么好的想法,希望能一起讨论。总之,我能做的是……

我想很多人都遇到过类似的情况,虽然一开始自己就说要"总结一下",但却滔滔不绝地讲了很多,一直也抓不住重点。

当事人可能认为自己是在总结，但周围的人对这种情况却有点吃惊，他们会觉得："没有条理啊……话太多了……"

是什么原因导致有些人想从结论说起却又说不出来？

很多上司抱怨，他们的下属"根本不知道自己在说什么"，或者"不能从结论出发说话"。

例如，部门经理让一位工程师做一份关于某产品是否可以采用的调查报告，并让他从结论开始。结果，工程师的回应是这样的："从结论来说，我首先进行了××调查，调查方法是……"明显部门经理想知道的是"可否采用"的结论，而不是过程。

那位部门经理叹了口气："有些人只是从形式上说从结论开始……我们该拿这些人怎么办呢？"

这些人到底为什么不会陈述"结论"？

这是因为他们不能正确地将"重要信息"和"其他杂乱信息"区分开，这些信息在他们的脑子里都是杂乱无章的，也就是说，没有整理好，以致陷入"想从结论说起，却又说不出来"的窘境。

那么，如何区分"重要信息"和"其他杂乱信息"呢？答案是明确结论是什么。

商业书籍中经常提到"先说结论"。那么，结论是什么呢？出乎意料的是，能够解释结论是什么的人少之又少。那么，在不知道结论是什么的情况下，从结论开始讲就会很难。请回想一下我们在第一篇中提到的黄金法则2，所谓的"聪明与否由他人认定"，也就是要站在对方的立场上思考问题。如果事先知道了对方想要的结论，那么再从结论开始讲就不会那么难了。

因此，对任何人来说，学会如何从结论说起的最简单方法就是问对方结论是什么。

"不好意思，您刚才说的结论是什么意思，能详细告诉我吗？我想好好理解一下。"

就像这样，如果你的上司真的是"懂行的人"，他应该会给出结论的明确所指。如果上司不能明确地说明自己想要的结论，那么他要求的"先说结论"就只是在一种营造好的气氛中说说而已。如果连上司都不明白结论是什么，那下属无法从结论说起也就不足为奇了。

适用于所有人的"结论的定义"

当然，有时你可能无法询问结论是什么。如果你跟上司关系不错，那么当上司要求你"先说结论"时，你就可以直接问他想要的结论具体是什么；如果你跟上司关系一般，或者对方是你的客户，那你可能就不太好直接问了。

针对后一种情况，可以从"**对方最想听的话**"开始说起，也就是说，**"先说结论"本质上意味着先说对方想听的话，而不是说自己想说的话**。

不会从结论说起的人有以下特征：要么一开始就找各种借口，要么从过程开始按顺序说。其实，这都是在说"自己想说的话"。

为什么一定要从结论说起呢？

也许有人一听到"先说对方想听的话吧"，就会说："如果能知道这一点，我就不会那么苦恼了。"接下来，我将解释为什么必须从结论说起，并告诉大家从结论说起的诀窍。

1981年在日本创下百万销量纪录的《理科生的写作技

巧》一书中，关于为什么应该"从结论开始叙述"，有这样的表述：

> "为了方便读者快速地决定是否阅读该论文，结论或总结的内容要以'作者摘要'的形式印在论文的开头，紧接在标题和作者的姓名之后。"

要从结论说起，是因为要让别人听你说话，我们就必须站在听者的立场上考虑问题。

所谓结论，正如字面意思一样，是话题的结果，是最后的目标和终点。没有明确结论，就不知道终点。相当于一架没有目的地的飞机，我们乘坐这样的飞机会非常不安。乘坐飞往冲绳的飞机和乘坐飞往巴黎的飞机，我们需要准备的东西也完全不一样。

同样，上司听取"定期报告"和"投诉处理方案咨询"的状态也完全不同。如果下属来做汇报，上司一开始以为是"定期报告"，结果发现是"投诉处理方案咨询"，这时上司可能会说："不好意思，我刚才没在状态，你能不能再说一遍，把情况理一理？"这样一来，双方就会花费更多时间。

说话时打开对方的"倾听开关"

相反，如果说话的人一开始就说"我想和您商量一下投诉的处理方法"，那么听的人就会去想"这可能会花很多时间"或者"有必要边听边整理，还可能需要记笔记"，诸如此类，然后提前做好准备。

先说结论是打开对方"倾听开关"的行为，从对方想听的话开始是打开这一"开关"最简单的方法。在说话之前，请提前想好以下两点：你希望对方以怎样的心情倾听，希望对方要打开什么样的开关。

如果谈话发起方说："其实，也不是什么大事……"那么，对方也正好在忙，就会觉得用一只耳朵听就可以了；如果谈话发起方说："有复杂的事情要商量下"，那么对方就会打开"认真倾听的开关"。

说他们想听的,而不是你想说的,这样他们才会开始倾听。

"整理"思考法②
区分事实和意见

到目前为止,我已经给大家介绍了如何从结论出发,进而整理自己的话语,加深思考,把话说清楚。

接下来,我将为大家介绍另一个"把话说得简单易懂"的核心方法,那就是区分"事实"和"意见"。举例来说,请看下面的对话:

　　昨天业务没谈完,我有事中途离席,抱歉啊。后来,客户决定把这个项目委托给我们了吗?
　　我觉得应该没问题。
　　没问题是什么意思?我想知道客户是决定了还是没决定?
　　啊,还没决定呢。

这是新人和上司之间经常发生的对话。当事人不仅不会从结论开始讲起,而且还"不能把事实与结论分开",这是说话令人费解的典型例子。

对话是这样往下继续进行的:

🙂 是吗？我还以为能定下来呢。客户有没有提到他们有什么顾虑？

🙂 好像对报价金额不太满意。

🙂 我再问你一次，客户说了不满意吗？

🙂 不，好像是……没说。

🙂 那你怎么能说客户对报价金额不满意呢？

🙂 那个……

🙂 我再问你一次，客户是怎么说的？

🙂 嗯……我记得客户说，关于金额还有商量的余地吗？

🙂 哦，商量啊……那你是怎么回答的？

🙂 我说，单凭我个人的意见决定不了，得回去请示一下。

🙂 然后，客户又说了什么？

🙂 好像同意了。

🙂 所以，客户到底是怎么说的？

🙂 啊，对不起。那个……我记得他说知道了。还有，我现在想起来了，他还说希望我们把报价单做成指定的格式。

因此，当听一个不会区分"事实"和"意见"的人说话时，需要比平时多花三倍的时间才能掌握情况。

人的大脑可以随意替换"事实"和"意见"

那么,为什么会出现这种随意替换的情况呢?

行为经济学家丹尼尔·卡尼曼曾指出,当人们遇到很难的问题时,大脑会用容易回答的问题替代它。

那么,问题来了。

问题 5

你现在有多幸福?

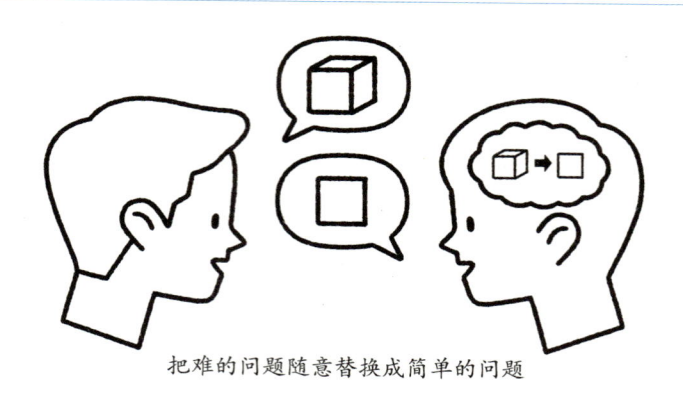

把难的问题随意替换成简单的问题

对于这个问题,很多人可能会回答"还凑合吧"。要正确回答这个问题,就必须先定义"幸福"是什么,然后计算过去的幸福度,再与现在的幸福度比较,说明现在有多幸福。但是,那样会非常麻烦而且困难。于是，很多人会在大脑中把问题随意替换成"现在自己心情好吗？"，然后回答"还算幸福"。这就是丹尼尔·卡尼曼所说的"启发式"大脑工作机制。

回到刚才上司和下属的对话，对于"客户决定把这个项目委托给我们了吗？"这个问题，正确的回答应该是：

客户没有当场做决定，因为问起报价金额还有没有商量的余地。所以，只要在金额方面达成一致，剩下的问题就迎刃而解了，接受订单不成问题。

但是，考虑这样回答对新人来说非常麻烦。所以，那位新人把这个问题随意替换成了"你觉得能接单吗"，并且只回答了自己的感受："我觉得应该没问题。"

这就是无法区分"事实"和"意见"的人真实的样子。

"区分事实和意见"的测试

说话时不会区分"事实"和"意见"，会被认为是"工作能力差"。

聪明人说话前在想什么？

举个例子，我做过几年面试官，最先被淘汰的是那些无法准确回答问题的人，换句话说，就是那些无法区分"事实"和"意见"的人，比如当他们被问及"当时的表现"时，他们的回答是"我尽力了"或其他类似的感受。

另外，这种能力在美国被认为是基本素养，就连小学生用的教科书中也反复出现区分事实和意见的问题。例如：

问题 6

1. 乔治·华盛顿是美国最伟大的总统。
2. 乔治·华盛顿是美国第一任总统。
请问，哪句是事实陈述？

正确答案是 2。重要的是，据《理科生的写作技巧》一书所述，上述小学教科书还对事实和意见之间的区别做了如下说明：

> "所谓事实，就是能够举出证据加以印证的实情；所谓意见，就是一个人对某件事做出的判断，其他人可能同意，也可能不同意这个判断。"

虽然这只是针对小学生的说明，但对于商务人士来说，这样的说明也足够了。不过，对商务人士来说，用来考验他们能否将事实和意见区分开来的问题要更难一些，例如，很多咨询公司在招聘中频繁使用的 GMA 测试（一般心理能力测试）。以下是测试题的一部分：

问题 7

"野心或欲望是包括股票市场在内整个商业系统的主要驱动力，这一点不会改变。"

作者主张的是下列哪个选项？

A. 大多数人都很贪婪。

B. 有些人因为不贪婪而远离股市。

C. 欲望会激发人们进行商业活动，股票市场的运作就是其中之一。

D. 股市中也有无欲无求的人。

不擅于处理"事实"和"意见"的人可能会因为先入为主的观念而无法做出恰当的回答。也许有人会认为"仅凭这些不能判断人的工作能力"，但事实恰恰相反。很多研究表明，一般心理能力测试是"预测录用后工作表现精度最高的招聘方法之一"，因此在外资企业和咨询公司的招聘中被频繁使用。顺便说一下，这个问题的答案是 C。

区分"事实"和"意见"的诀窍

那么，这种区分"事实"和"意见"的能力可以获得吗？我个人认为是"可能"的，因为这与其说是"聪明"与否的问题，不如说是"注意力"集中与否的问题。

丹尼尔·卡尼曼认为：启发式思维是由大脑的"快思考系统"（约等于直觉）负责的。也就是说，如果条件反射式地回答一个问题，你的大脑就会不自觉地用一个简单的问题来代替，你就无法给出准确的答案。总之，为了防止把事实和意见混为一谈，可以使用大脑的"慢思考系统"（约等于逻辑性）。

检视你要讲的话，通过这种训练来纠正条件反射式的应答。借用前面提到过的《理科生的写作技巧》中的一句话——不要条件反射式地回答问题，而要稍事思考以下两个问题之后再回答：

那个事实，可以证明吗？

是根据自己的判断提出的意见吗？

我们一旦养成这种习惯，慢慢地就能区分是"事实"还是"意见"了。

把"意见"说成"事实"的人

为了能够区分"意见"和"事实",我们说话时需要调配注意力,但必须注意的是,就像前面提到的新人和上司的对话一样,在应该回答"事实"的时候却提出了"意见"。另外,还有很多人容易陷入把"自己的意见"说成"事实"的情况。

最容易理解的例子就是"大家都这么说"这句话。例如以下情形:

现在的年轻人忍耐力不够啊。

啊?是吗?

你看,前几天分配来的那个新员工,下个月就要辞职了。

哦,这样啊。

我们年轻的时候,都是咬紧牙关,忍受着前辈的严格训练。

请等一下,你怎么知道新员工忍耐力不够呢?你没有直接指导过吧?

大家都说那家伙没有忍耐力。

大家,真的是"大家"吗?

啊……田中和铃木这么说过吧……

聪明人说话前在想什么？

（这个人不行啊……）

像这样，始终把自己的主观意见当作事实来说，并不是聪明人的行为。

如何持有自己的意见

一方面，有的人会把意见说得像事实一样；而另一方面，有的人却"只有普遍的看法，没有自己的意见"。

我们听别人说话，可能会觉得"那个人没有自己的意见"，或者觉得那个人不擅长发表自己的意见。把意见一般化地说出来并不是明智的态度，如果都是泛泛之论，那就太无聊了。

那么，我们应该怎么做呢？从现在开始，我们进一步深入了解"意见和事实"。

当我们说"要把意见和事实分开来谈"的时候，有人就会问："感想如何呢？我的感觉绝对是真的。"

当然，每个人的感想都是不可否认的事实，但说到底也只是主观事实。我们只能说"我是这么想的"，而没法向他人证明我们的想法。另一方面，能够证明的事实就是客观事实了。

那么，意见呢？意见说到底也只是个人的想法，也就是主观的想法，然而却不是感想。所谓意见，就是在主观事实的基础上加上依据，从而变成他人也能接受的形式。

例如，"某月某日，京都下雪了"是可以证明的客观事实，那么，"怕冷的人应该住在大阪而不是京都"是感想还是意见？如果这只是一个来自大阪的人在冬日京都漫步时觉得"太冷了，冬天的京都真的没法待下去了"，那么这只是一个感想而已。但是，如果是基于在大阪生活了5年、在京都生活了5年的经历，那就变成了以实际经验为根据的意见。也就是说，所谓"有自己的意见"，就是从对客观事实产生的感想出发，收集依据，让别人信服。

在这里请回想一下第一章的"深入话题的两个诀窍"：①查找与自己意见完全相反的意见；②查看统计数据。如果将这两点套用在上述例子上，你可以说京都的冬天很美，或者提供京都和大阪冬天气候的统计数据，从而使自己的观点更有说服力。

请不要因为害怕被说"这是你的感想吧？"而掩盖自己的意见。一开始，大家都是从主观事实的感想出发的。意识到这些之后，请注意以下两点，试着将感想升华为意见吧！

①要求讲事实的时候，请不要发表意见；

②不要把意见说成事实。

"整理"思考法：那是事实、意见还是感想？

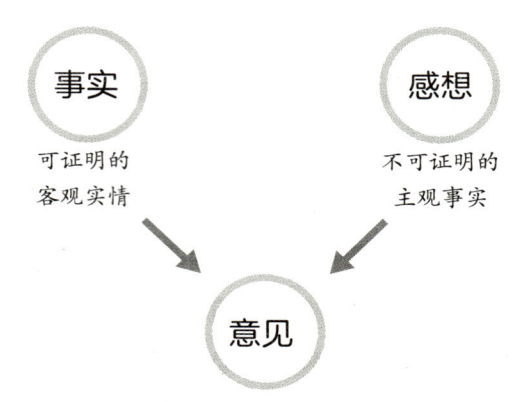

事实 — 可证明的客观实情

感想 — 不可证明的主观事实

↓ ↙

意见

从主观感想出发，有证据，别人也能认同。包括实际体验在内，加上反对意见和数据，就会形成更"深刻的意见"

注意 不要把事实和意见混为一谈！

①该回答事实的时候却说出了意见
　→确认事实需要时间

②明明是意见，却说得像事实一样的人
　→被认为是固执的人

第 3 章

认真思考之前,先认真听

「倾听」思考法

本书写作的目的是聚焦"认真思考的人"当中"认真"这一部分,进而告诉大家能使每个人都成为聪明人的方法。在本章中,我将阐明对"认真思考"来说不可或缺的"认真听"这一部分到底是怎么一回事。请大家也跟我一起思考一下,上司、下属、客户、丈夫、妻子以及孩子跟你说的话,你都认真听过吗?

"听"和"认真听"之间有很大的差距

既然人类是不与他人建立联系就无法生存的动物，那么"倾听"就是沟通的基础，但不知为何，与"说话"相比，"倾听"往往被人们忽视。这恐怕是因为人们觉得"听"比"说"更被动，认为"谁都能做到"吧。确实，声音是自己听到的，如果只是"听"，那么谁都能做到。但是，认真听别人说话并不是一件容易的事情。"听"和"认真听"之间有很大的差距。

我在咨询公司工作的时候，上司告诉过我"无论如何都要积极地听对方说的话"。自从进入公司第一年给客户留下作为咨询顾问很是失职的坏印象之后，我需要重新获得他人的信任。为此，我首先做的是"认真听对方说的话，问出对方的烦恼"。

想要做到正确思考，认真听别人说话是必不可少的。事实上，我身边所有受人喜爱和尊重的能人都是善于倾听别人意见的人。比起自己说话，更注重倾听对方说话的人，会赢得对方的信任，最终自己也会被别人倾听。

"假装听"容易，"认真听"难

与说话类似，关于倾听的书籍也包含各种各样的技巧，这些技巧有随声附和、产生共鸣、重复对方说的话（鹦鹉学舌）等。但是，用这些技巧虽然能装出倾听的样子，却无法真正倾听。也有很多人看似在听，其实并没有。

例如，上司让下属一同参加与客户的会餐，并指示他"认真听取客户的问题"。会餐结束之后，上司和下属之间的对话往往这样展开：

🙂 会餐怎么样？
🙂 我很开心！特别能理解那位老板创业时的想法！
🙂 发现有什么能和我们下一项业务关联的事情吗？
🙂 我一直很注意听，但是……他似乎没有告诉我太多关于这些问题的信息。
🙂 是吗？虽然没有明说，但那位老板好像很苦恼，尤其是与高管之间的关系。不是聊天中间时不时就提起过吗？比如"那家伙还能做得更好""公司内部需要更多的沟通"，等等。
🙂 呃……他说了什么来着？
🙂 你认真听了吗？

🧑 啊，我也不太确定了。

尽管下属并没有不听那位老板在说什么，也没有东张西望，更没有玩手机，但很遗憾，这并不意味着他在认真倾听。那么，这位上司和下属的"听"有怎样的差别呢？

只截取自己理解的内容

我经常听到管理者和公司高管抱怨有些成员根本听不进客户的话。这些人，乍一看似乎都是善于倾听的人，有时记笔记，有时点点头，有时随声附和，也不打断别人的话。即便如此，同事和客户还是会说："那个人根本没在听我说话。"即使在咨询公司也有听不进去话的人。

有一次，我向下属介绍公司未来咨询政策时就遇到了这种情况。

🧑 中小型企业经济实力不强，不能一下子就签高额的咨询合同。因此，一开始很难向新的中小型客户推销"咨询服务"，但是把培训作为切入口是有效的。所以今后要大力发展培训方面的业务。

我正这样说的时候，突然有人提出了以下问题：

🧒 把精力放在培训上，那咨询业务就不做了吗？

当时我非常困惑，毕竟，我从来没有说过"不做咨询"，而且明确表示了"培训是切入口"。我觉得太不可思议了。

🧒 刚才的话，怎么就成了"不做咨询"了呢？
🧒 因为您刚才说今后要大力发展培训业务。

"没说过的话，请不要随意想象。"我强忍住想要批评的冲动，耐心解释，"培训只是切入口，最终的目的还是要让客户签订咨询合同。我们不可能放弃咨询服务。"

想象一下小学教室里的场景，老师对学生大喊："听着！"在这种情况下，问题是他们不想听。那么，进入社会之后，管理者和公司高管所抱怨的"听不进话的人"并不是不想听的人。这些人明明在听别人说话，却听不进去，他们只是截取了"自己能理解到的事情"来听。

提出"不做咨询了吗"这个问题的下属或许从一开始就抱着否定的态度在听我说话。如果倾听的目的是要说些什么，而不是试图听清对方说什么，那么你只听到对方话语的一部分也就不足为奇了。这位下属的情况虽然是一个听不进去话的极端例子，但是，人们或多或少都有按照自己的意愿进行替换的习惯。

在前面提到的"会餐"案例中，那位下属根本没听到客户的问题所在，大概只记得客户创业故事中"自己觉得有趣的部分"。然而，最重要的"问题"很有可能因为"不感兴趣，自己不太清楚"而被忽略。但是，上司关注到了那位老板的每一句话，注意到了在谈话中时不时透露出来的与高管之间的矛盾。通常，公司老板一般不好意思把自己公司存在的问题告诉别人，因此他们不会明确地说"这就是问题所在"，他顶多会说"人很难相处"之类的话。

当别人说话时，
你是否在想自己要说什么？

就像刚才那位上司通过倾听注意到对方老板和高管之间的矛盾一样，注意细节也是正确倾听的一部分。不要只听自己喜欢和感兴趣的事，要倾听每个细节，感受对方的想法，这才是"认真听"。那么，怎样才能做到"倾听细节"呢？如果只是呆呆地听，听的人就会像刚才说的那样，只截取自己能理解的部分，随便听听。那么，聪明、受人仰慕的人听别人说话时在想什么？

人们在"听"别人说话时的思考模式分为以下两种情况：

1. 一边倾听，一边思考自己想说的话；
2. 一边倾听，一边思考对方想说的话。

聪明人倾听时思考的事

|1| 一边倾听，一边思考自己想说的话

有些人在听别人说话时，满脑子都是"反对意见"，轮到

自己说话的时候，头脑一片混乱。这不是倾听他人的好方法。这种人听别人说话的目的是"否定别人说的话，让自己觉得赢了"，这是一个人不成熟的表现。

还有一些人是在听别人说话时，想着"说好听的话，帮他解决烦恼吧"。这虽然比持反对意见要好一些，但这样的人往往抱着"我来告诉你吧"的心态，没有认真听对方说话，也不能说是成熟理智的。

抱有"我来告诉你吧"这样想法的人一般会说："这样做不就行了吗？""为什么不这样做呢？""不用烦恼这种事，这样做就行了""这很简单，只要这么做就解决了"，诸如此类，只是把如何解决问题的话语抛给对方。但很多情况下，这些话往往属于多管闲事，听到这些话的人并不希望被教导。

那些仅仅把话语抛给对方的人的倾听目的是"通过教导别人，让自己受到赞赏"或者"确认自己的优越感"，而这些态度**看似在为对方着想，其实是在为他们自己，在对方看来也是以自我为中心的表现**。他们虽然没有发觉，但从对方的角度来看，对方会认为"你在认真听我说话吗？"他们好像在听人说话，其实根本没听。

另外，因为他们有自己要说的话，所以无法随机应变，即使话题已经朝着不同的方向发展了，他们也要强行拉回原来的话题。有时，甚至会有"带着答案"来采访的人，他们好像也在听对方说话，满脑子却只有自己想说的话。

| 2 | 一边倾听，一边思考对方想说的话

相反，能够正确倾听的人不会插话，而是一边思考"对方想说什么"，一边试着准确理解对方说的话。如果对方以这种方式倾听，那么说话者就会觉得"对方正确理解了自己要说的话"。

在此基础上，如果带着"向对方学习"的态度去倾听，更能获得对方的信赖。我学生时代的恩师曾告诉我："如果你现在觉得自己的人生没有那么顺利，那么只要多听别人的意见，就会好转。"

聪明、受人喜爱的人是很好的倾听者。在我见过的管理者中，虽然有的人比我大一轮，但是，他们抱着向我"学习"的态度来听我讲话。这种态度是基于对说话者的尊重。因为听者有敬意，所以说话的人也会觉得很好讲，他们可能不觉得自己是在被倾听，而觉得自己是在进行对话，从而产生更深的信任感。

认真思考"对方想说什么"的倾听者一般会用以下态度来听。换句话说，以下这些态度能够扭转生活，帮助人们更好地倾听。

聪明且受人爱戴的倾听态度

|倾听的态度 1 | 既不肯定也不否定

轻易说"我知道了"会讨人厌;反之,以"不是"去否定也会被讨厌。认真听的人既不肯定也不否定,而是一边附和着"是吗""原来如此",一边让对方心情愉快地说话。

|倾听的态度 2 | 不评价对方

评价对方的话会在不知不觉中表现出态度。为了不去评价对方,你在倾听时要明白,没有所谓的"好""坏"之分,简单地认为"对方是这么想的"就可以了。即使想评价,你也要想"既然你这么想,那就是吧"。

|倾听的态度 3 | 不要轻易说出自己的意见

即使被对方问到"你觉得呢?"也不要马上说出自己的意见,这一点很重要。也不要轻易给别人建议。对方并不是想听你说教,而只是求心里踏实。因此,首先要让对方把话全部讲出来,然后按照对方的期待回答即可,例如,"我觉得正如你想的那样"或者"我认为你说得对"等。

| 倾听的态度 4 | 说话中断时保持沉默

如果对方的话中断了，首先要保持沉默，等待对方开口，不要害怕沉默。如果对方对你有所要求，你就目不转睛地看着对方并点点头。于是，对方又开始说话了。

| 倾听的态度 5 | 调动自己的好奇心

对方即使看起来只是普通人，背后可能也有一些有趣的故事，你在倾听时要带着对方是专业人士这样的意识去听。如果你觉得对方的话很无聊，那原因很简单：你的好奇心不够。如果能准确地听完对方的话，你就会思考"对方到底想让我说些什么"。这才是有智慧、受人仰慕的人。

你要想着对方是希望得到夸奖、共鸣、建议、安慰，还是寻求解决方案？如果能准确地倾听对方的话，你就应该能知道对方期待怎样的对话。

当对方说话的时候，

不要思考自己想说什么，

而是先听懂对方想说什么。

"倾听"思考法
不要建议，要整理

合作伙伴、朋友、后辈来找你商量事情，你出于好心，真诚地提出"建议"，对方非但听不进去，反而不高兴了。大家是否有过这样的经历？很惭愧，我有过好几次，并且后来我还责怪对方："为什么不照我说的做呢？"导致关系更加紧张。在职场中我们也时常能看到这样的情景。

提供建议这一行为需要极高的沟通技巧。刚成为咨询顾问时，我一直认为咨询顾问是提供建议的职业。后来，上司告诉我"不要轻易给别人提供建议"。

与其看说什么，不如看谁在说

无论你的建议多么正确，人们也不会付诸行动。这是因为驱使人们行动的不是道理，而是情感。

由于工作上的关系，我看到过很多上司为"不成熟的员工"而烦恼。无论上司说什么，这些员工都只是敷衍了事，不会改变自己的行为。如果问他们："为什么不改变行为？"他们就会回答"没有时间""没有权限""不知道""不想做"，然后，谈话就结束了。换句话说，人类的天性就是为自己"不想做"的事情找各种借口。无论上司对这些人提出多少建议，说"这样做可行"，他们都不会听，但令人惊讶的是，有时只要换一个说话的人，他们就能听进去。例如，当说话的人从上司变为有好感的同事，建议就会被付诸实施。这是因为比起"说什么"，"谁说"更重要，只有在非常尊敬、钦佩对方的情况下，人们才会接受建议并付诸行动。

不要提供建议，而要"疏导交通"

在咨询公司工作几年后，我才逐渐认识到"咨询顾问不是提供建议的职业，而是'交通疏导者'"。作为咨询顾问，我的大部分时间都用来倾听管理者的烦恼，找出问题所在并进行整理。

整理是"舍弃不需要的东西，只留下需要的东西"的行为。因此，"整理对方的话"可以理解为从对方的话中舍弃多余的信息，只留下做出判断所需的信息。一边整理对方说的话一边听，听者也能更深地理解对方的想法，并将其付诸行动。这种边整理边倾听的技巧不仅适用于咨询公司，在任何场合都能派上用场。

比如，就在前几天，我因为出差在机场候机，眼看就要登机了，妻子突然打来了电话。我还以为发生了什么事，赶紧接起来。

👧 我要租孩子们"七五三节"①穿的服装，哪个好，我决定不了，所以想跟你商量一下。

因为时间紧迫，所以我必须在短时间内和妻子商量。于是，我决定进行"梳理"。

首先是确认目标。

👦 你想从刚才发给我的照片中决定选哪件衣服，对吧？
👧 嗯。

这种情况下一般人容易犯的错误是只看"照片"，然后说出自己的喜好。如果是这样，妻子会认为，我单方面强调自己的喜好，而她的意见却没有被倾听，当然也不会接受我的意见。另外，如果我高谈阔论"七五三节"的服装本来应该如何如何，那也是最差劲的行为。

👦 告诉我，你在哪个方面犹豫不决？

---

① 译者注——每年的 11 月 15 日是日本的"七五三节"，这天，3 岁、5 岁的男孩和 3 岁、7 岁的女孩，都会穿上和服，跟父母到神社参拜，祈求身体健康，回家的时候，通常一家人还会到照相馆拍一套全家福纪念照。

于是妻子开始说明原委。

🧑‍🦰 首先,价格方面,有〇〇日元的,也有△△日元的,差别很大。

👦 嗯,是很不一样。

🧑‍🦰 不过,贵的这一款,颜色更鲜艳,感觉更新。

👦 哦,原来如此。

🧑‍🦰 孩子们好像更倾向鲜艳的款式。

👦 嗯。

🧑‍🦰 但是,如果选择鲜艳的衣服,我们在神社拍照的时间就会晚,好像要到16点以后。

👦 啊,那样的话,天已经黑了,在神社不能照相,只能在照相馆照全家福了。

🧑‍🦰 是啊,所以我正犹豫。

于是我决定剪掉"不需要的信息"。

👦 首先是价格,之前爷爷奶奶不是说也要出点钱吗?

🧑‍🦰 是啊。

👦 那样的话,作为判断标准,我觉得价格就不那么重要了。

🧑‍🦰 的确如此。

🧒 还有,"孩子们的喜好"也会不断改变,优先级也变低了吧?

👧 嗯,也许吧。确实,不能只凭孩子们的兴趣来决定。

🧒 他们问问爷爷奶奶,说不定还会变的。

👧 的确如此。

🧒 这样的话,重要的不就是"时间"吗?即使只能从傍晚开始租借,不是也没问题吗?

👧 嗯,知道了。我想想看。

有条理倾听的技巧

那么,如何一边组织对方的话一边倾听呢?在这里,我将给大家分享一些要点,告诉你如何有条理地准确理解对方所说的话。

| 1 | 确认目标

咨询时首先要"确认目标"。但必须注意的是,这只是"确认",而不是"提议"。因此,有必要简洁地重复对方的话,以确认目标。这就是"鹦鹉学舌"技巧的用武之地。绝对不是用你的话,而是用对方的话来回答,这样会让对方觉得"你在认真听我说话"。

| 2 | 听取对方的想法

每个人对于需要讨论的问题都有某种解决方案，或者有一个一直都在烦恼的过程。确认了目标之后，如果不听对方说的话就直接说出自己的想法，对方会因为你没有听他的想法而感到不满，所以一定要先听对方的想法，让他把心中的郁闷发泄出来，直到心情舒畅为止。

| 3 | 组织谈话内容，帮助对方决策

对方来找你商量，说明存在妨碍他做决定的因素。如果能听出对方具体要怎样做的打算，你就坦率地表达赞同，没有必要说出你认为的解决方案或建议。如果一定要做什么，你只需确认前后矛盾的部分，确认一下"这个是不是应该这样"即可。这样对方就会觉得"我的话被理解了"。另外，如果对方并没有具体要怎样做的打算，那就只听对方说话吧。他应该只是想被倾听而已。

到目前为止，关于"倾听"思考法，我们在阐明"认真听"是怎么回事的同时，还介绍了"倾听"的态度和技巧。

人总是不知不觉想说自己的话，为对方着想，发表意见，提出建议。正是这种时候，请不要忘记一边组织对方说的话一边倾听，也不要忘记思考对方想说的话，而不是你想说的话。

在下一章中，我们将在掌握"倾听"思考法的基础上，介绍更具体的深度思考法——"提问"思考法。

越是想提出建议,越要一边组织对方的话一边正确地倾听。

第 4 章

深度提问与学习的技巧

「提问」思考法

聪明人无疑是善于提问的。

毫不夸张地说，你可以从一个人提出的问题中看出他有多聪明。如果这个人问了一些牛头不对马嘴的问题，对方会觉得"你没有认真听？"或者认为"你应该自己想想"。

相反，通过巧妙地提问，可以了解对方想说的话，并能引导出自己想知道的事情。善于提问的人会利用问题将话题深入到对方没有注意到的部分，使双方一起加深思考。

另外，一个新员工能否成为工作能力强的人，可以通过是否善于提问来判断。善于提问的人必定善于学习，而那些善于学习的人，无论在哪个领域、哪个行业都能取得成果。

本章将从"深度提问技巧"和"学习技巧"两个方面说明聪明人在提问之前都在想些什么。

人与人之间为什么要沟通？

首先，我们来解释一下深度提问的技巧。要想更深入地理解对方，就必须通过提问引导对方说话。那么，应该问什么样的问题呢？仅仅问"嗨，跟我说说更深入的情况？"并不意味着你就能更深入地了解对方。

与人交谈后心情舒畅的瞬间

你是否有过与人交谈后"神清气爽"的感觉？无论是升学就业咨询，还是工作咨询，抑或恋爱咨询，都可能让你无法用语言表达的想法突然变得清晰。人并不总是清楚自己在想什么。明明是自己的事情，却因为自己都不知道，所以才会感到苦恼。苦恼的状态下无法付诸行动，所以很痛苦。

当模糊不清的事情通过语言描述变得明晰时，你就明确了自己应该做的事，可以付诸行动了。

"我一直在为与上司的关系而烦恼，但这是因为自己的价值观问题，可以把上司当成和自己不同价值观的人来看待。"

"我一直在烦恼要不要换工作，我问自己，真正想做的是这个吗？"

"我一直在烦恼要和男朋友结婚还是分手，其实我只是讨厌公司、想辞职而已。"

诸如此类。

我们在第一篇提到的"黄金法则3"是：人们信任考虑周全的人。然而，本章要介绍的**"深度提问技巧"则是在沟通的同时，通过共同深入思考来建立信赖关系。**

当你因咨询了某人而感到高兴并想再次与他们交谈时，那么产生这一想法的时刻应该是别人和你一起思考、一起找到答案的时候，而不是告诉你正确答案的瞬间。

我在第一篇第6章"知识转化为智慧"中介绍了A先生和客户的对话。A先生不是装聪明，而是装不知道。面对客户的问题，他并没有立刻给出答案，而是和客户一起思考、一起得出答案，最终获得了客户的信赖。这一技巧不仅适用于为消除烦恼而进行的咨询。

在工作商谈中，有的人只能浅尝辄止，有的人则能触及所讨论问题的核心，当然，后者才是商谈中最有价值的人。我自己就曾多次因"商谈"而"获救"。

举例来说,我曾参与逻辑思维研讨会的教材制作。我觉得在教材的开头有必要解释一下"逻辑思维是什么",但是怎么也找不到正确定义"逻辑思维"的词。苦恼半天,最后我还是咨询了上司。

当我坦率地说哪里都找不到关于"逻辑思维"简单易懂的定义时,上司反问我:"安达君,你是怎么想的?"我说:"逻辑思维大致可以分为演绎和归纳。"上司说:"干脆说成'合情合理'不就行了吗?"然后,其他人也被叫来,大家一起思考关于逻辑思维的简单定义。最后,逻辑思维被定义为"有条理的思考"。现在回想起来,比起"演绎和归纳"这样啰唆的说明,这个定义更能体现本质,也更容易理解。

那位上司真的很擅长把人召集过来共同深入思考。他不仅让我发现了没有注意到的问题,还获得了公司其他人的帮助。如果遇到这样的上司,你就会觉得:"和他商量真是太好了!"

发现没有注意到的问题,这或许是人与人之间沟通的理由吧。个人生活上也一样,对于喜欢的动画片、令人感动的电影、旅行的话题,我们虽然没有必要总是谈论其本质,但有时也想深入探讨。而且,我想再重复一遍,对"发现没有注意到的问题"这一点来说,深度提问的技巧不可或缺。

沟通的乐趣在于一起深入思考，发现没有注意到的问题。

深度提问技巧①
美国政府和谷歌使用的提问技巧

接下来，我将给大家介绍深度提问的具体技巧。

对一个咨询顾问来说，他需要在有限的时间内，抓住企业问题的本质，同时与对方建立信任。这就是被称为"结构化面试"面谈技巧的用武之地。

现在，企业招聘基本上都是通过面试进行的。但是，面试官要在30分钟到1个小时的面试过程中，看清应聘者的真实情况以及他们是否与本公司匹配，并非易事。

作为咨询顾问，我担任过企业招聘的面试官，现在也在自己的公司做招聘工作，所以我深刻体会到招聘面试并不简单。这是因为，最终大多数公司都会根据面试官的喜好和第一印象来决定是否录用应聘者。

事实上，有研究表明，现在企业所采用的面试方式，对预测候选人入职后的表现几乎没有帮助。而且很多公司发现自己需要的人与所录用的人之间存在差距，甚至花重金录用的员工"很快就辞职了"，这样的例子并不少见。

为了打破这种现状，谷歌公司的人力资源负责人拉斯洛·博克采用了一种叫作"结构化面试"的方法来提高面试录用的准确度。这种面试方法已经被精神医疗领域和美国政府采用，并且被证明比常规面试更能准确预测入职后的表现。

面试问题只有五种

根据美国政府公开发布的《结构化面试指南》可知，结构化面试中有五种类型的问题，由两种开场白问题和三种深度提问构成。

首先是开场白问题。

| 开场白问题 1 | 关于"过去行为"的提问
"你是如何应对你所面临的状况的？"

例如，"在过去的项目中，你取得了怎样的成绩？你是怎么做到的？"这个问题是基于"过去类似情况下的行为是未来行为最好的预测"这一观点。"请说明一下，你是怎么应对那些难以相处、敌对或苦恼的人的？还有谁参与了？你具体采取了哪些行动？最后结果如何？"

|开场白问题 2| 关于"情境判断"的提问
"如果遇到这种情况,你会怎么做?"

情境判断的问题是基于"人们的意图与实际行动密切相关"这一观点,给应聘者提供真实的工作场景和困境,询问应聘者将如何应对。场景是这样的:一位客户非常生气地打来电话说,本应该在 5 天前交货的产品还没有送到。"客户要求我们马上供货,但我问了上司和工厂,他们说'不能马上交货,希望我们能设法安抚一下客户'。如果是你,你会如何处理这种情况?"

根据这两种类型中的任意一种或两种的组合进行开场白提问,然后再通过以下三个问题进行深度提问。

|深度提问 1| 关于当时情况的问题
"当时是怎样的情况?"

比如,在开场白提问 1 中提出"请说明一下遇到有烦恼的人来向你咨询时的情况",当应聘者回答说:"我是做房地产销售的,业绩不佳的下属曾经找我谈过。"听完这个回答,面试官可以再深度提问:"具体是怎样的情况?"

| 深度提问 2 | 关于行动的问题
"当时做了什么？"

当应聘者回答说："前任管理人员是那种'按我说的去做'的管理风格，所以我决定反其道而行解决现场问题。"对于这个回答，面试官可以追问："针对那种情况，你具体做了什么？""你采取行动时关注的重点是什么？"

| 深度提问 3 | 关于结果的问题
"行动的结果带来了怎样的变化？""现场有什么反对意见吗？"

第三个问题是行动的结果。对于深度提问 2 的"针对那种情况，你具体做了什么？"这一问题，如果应聘者回答"跟分店的全体成员进行了面谈"，那么面试官可以问："通过面谈，结果有了怎样的变化？对没有改变的人做了什么？"

生活中也能用到的万能提问术

结构化面试还有几个要点和规则，以确保面试表现的一致性，但在这里，我想让大家知道，在招聘面试中，只要有两个开场白问题和三个深度提问，就完全够了。这种结构化面试的提问技巧，能够在短时间内深入了解对方并接近其本质。无论是在面试，还是在生活中，都能发挥很大的作用。

请想象一下"婚恋"的情形，你需要与初次见面的人在短时间内交流，加深关系，然后判断是否想和这个人在一起。你可以将结构化面试的五个问题组合起来，像下面的对话一样，深度提问。首先使用开场白问题 1 询问对方过去做过什么。

😊 刚才你在自我介绍中说自己的兴趣是音乐，那学生时代演奏过什么乐器吗？

😊 我在吹奏部吹过长笛。

在这里，如果不具备深入询问技巧的人会这样自说自话。

😊 是这样啊，我从来没演奏过乐器，我从小学开始就一直在棒球部。

请回想一下"黄金法则 2"当中提到的"沟通的主体是对方而不是自己"。对方还没问，你就说自己的事情，这就不是一个聪明人的做法。

因此，你需要用深度提问 1 的问题深入询问情况。

🙂 原来是吹奏部啊，我只知道有各种各样的乐器，那是一个相当大的团体吗？

🙂 人数很多。高中的时候全年级有 60 多人呢。

随后用深度提问 2，询问当时情况下的行动。

🙂 人数那么多的话，练习是要按篇章或者年级分开进行的吧？练习很辛苦吗？

🙂 是啊，按照主题分成几个小组，每天都练习到很晚。

然后是深度提问 3，询问他们行动的结果。

🙂 也有比赛大会什么的吗？

🙂 是的，我们出去比赛过，不过没能参加全国比赛，在县[①]预选中输得很可惜。

🙂 是吗？但是，能在县预选中取得好成绩就已经很了不起了。

在这里，再回到开场白问题 2，使用"假设""如果"。

---

① 译者注——日本的"县"为一级行政区，相当于中国的省级行政区。

🧑 如果有时间的话，你还想吹长笛吗？

👧 嗯……现在与其说是想演奏，不如说是想去听。因为我还喜欢听，比如古典音乐之类的。

🧑 不错啊！我也喜欢听。有什么推荐的曲子吗？

从这个例子可以看到，使用结构化面试的方法，从"学生时代做过的事"引出了"喜欢音乐，想去演奏会欣赏音乐"。这个方法是万能的。在碰头会上想要引导对方说话，或者私下里想要活跃谈话气氛的时候，请一定要使用这个方法。

你做了什么？〔过去的行为〕

当时是什么情况？〔深入挖掘当时的情况〕

在那种情况下，你做了什么？〔深入挖掘当时的行为〕

结果怎么样了？〔深入挖掘成果/结果〕

如果下次出现这种情况，你会怎么做？〔假设情况下的行为〕

当然，如果提问变成"审问"的话，事情就会很难办，所以我们应该根据对方的情况，小范围地提出问题。另外，基本上只要对方在说话，我们就要完全倾听。但是，当对话快要中断时，只要把这些问题组合起来重复一遍，我们就能深入挖掘对方所说的话。

深度提问技巧②
提问之前先建立假设

除了结构化面试技巧，我们再介绍一个深度提问的技巧。假如你有机会向客户的决策者请教，你就必须找出决策者认为的问题是什么。

经理，您觉得现在面临的问题是什么？

你可以这样直接问。如果通过这种提问，你能得出想要的答案就再好不过了。但是，大多数情况下，你都不会得到很好的回应，比如对方回答：

没有特别紧急的问题。

这种情况该怎么办呢？那就"建立假设，提出问题"，你可以这样提问：

🧒 前几天您说一直在担心销售额，您觉得问题出在销售方面，还是产品、市场营销等其他方面？

也就是说，业绩不佳的原因是否在于销售？你是带着这样的假设提问的，对方或许这样回答：

👨 确实，销售方面也不是完全没有问题，但最让人头疼的是新客户的留存率不高。我想设法提高合同的续约率……

"业绩不佳的原因在于销售"这一假设并没有得到证实。但是，重要的不是假设是否正确，而是通过提出假设，引出"合同续约率"这一问题。

当然，也有不能像这样顺利地引出对方想法的情况。然而，是否提出假设问题，对方回答的"质量"是不一样的。

认真思考后提问是指在提问之前，站在对方的立场上，提出假设问题。

在咨询行业，"假设"这个词经常出现。可以说，聪明人思考时总是假设先行。话虽如此，让你立刻建立假设，你可能会觉得很突然。所以我推荐大家试着套用这个句式提问："如果我是××的话……"比如：

"如果我是部门经理的话，我想我可能会被压力压垮，经理您觉得呢？"

"如果我是妻子（丈夫）的话……"

"如果我站在下属的立场……"

此外，我们还可以运用第二篇第1章中介绍过的"深入话题的诀窍"中的第一个诀窍："查找与自己意见完全相反的意见"，从反对意见中提出假设并提问。例如：

"对于公司一把手的意见，员工有可能提出如此这般的反对意见，您怎么看？"

这样的话，比起笼统地问"你觉得呢？"，回答质量肯定会有所改变。

综上所述，提出假设后再提问，就是在提问之前，先从各个角度思考问题。

提问的"质量"取决于提问前能建立多少假设。

请教的技巧
善于提问和不善于提问的人有什么区别

至此，我已经给大家介绍了深度提问技巧，以便与对方一起深入思考。

接下来，我将向大家介绍一些向别人请教时使用的提问技巧。下面是关于政府人员的一项研究，它启发我们在请教别人时，什么才是应该思考的重要事项。

> "按照官方规定，这些政府人员只能从上级那里寻求帮助。当然，他们并不想不停地求助上级，因为这样做不仅会让上级生厌，而且显得自己缺乏知识和独立性。因此，他们集体违背规则，私下相互提供咨询帮助……你可能会认为，低专业技能的政府人员会向高专业技能的政府人员寻求建议，但这种情况很少发生。与此相反，低专业技能的政府人员向（从）专业技能也同样低的同行提出（获得）建议。"

这是2001年诺贝尔经济学奖得主乔治·阿克洛夫教授和

2013年诺贝尔经济学奖得主罗伯特·席勒教授合著的《动物精神》一书对"卷入复杂诉讼的政府人员"特征的描述。

我见过很多能够迅速解决问题并由此获得成长的新员工，他们一般都善于学习，一旦有不懂的问题，就去**请教那些"应该去问的人"，而不是去请教容易问的人或身边的人**。

那么，应该去问的人是什么样的人呢？是知道答案的人，是能给出准确建议的人，简单来说，就是聪明且优秀的人。

加入聪明人的圈子

《动物精神》对"卷入复杂诉讼的政府人员"有这样一段描述：

> "高专业技能的政府人员向（从）高专业技能的其他政府人员提出（获得）建议。"

也就是说，聪明且优秀的人向同样聪明且优秀的人请教，不优秀的人与同样不优秀的人相互商量。

要摆脱这种状态，就必须加入优秀的聪明人的圈子；想加

聪明人说话前在想什么？

入聪明人的圈子，"请教的技巧"就必不可少。但是，那些优秀的聪明人因为工作能力强，要处理很多事情，所以往往没有时间。普通人要向他们请教时，经常得不到及时回应。因此，具备高明的请教技巧是必要的。下面就来介绍一下善于请教的人是如何提问的。

| 请教技巧 1 | 一次只问一个问题

🧑 关于电话销售，第一个问题是，怎么突破负责人这一关？能先告诉我这个吗？

像这样善于请教的人，一次只问一个问题。相反，不善于请教的人，不考虑对方的情况，就会不断地提问。

🧑 电话销售的时候，有一件事情让我很困扰，对方的负责人联系不到他们公司的高层。更让人头疼的是，联系到高层之后准备谈话，打电话的时间段是不是也得考虑一下？

这样一来，被提问的一方也不知道该从哪儿开始回答，有时可能还需要记笔记。提问者会被认为是"麻烦的家伙"。

| 请教技巧 2 | 告知目的

既然一次只问一个问题，那么，具体应该怎么问呢？最糟糕的提问形式是提出像"销售进展不顺利，该怎么办呢？"这样笼统的问题。笼统的问题只能得到笼统的回答。

如果想要好好回答笼统的问题，被提问的一方就会费力地向提问的一方询问具体情况。

🧑 你说的销售进展不顺利是指什么时候？最后的签约阶段？

当然，如果对方是"好人"，他会回答你的问题，但如果重复多次，你就会被认为是"麻烦的人"。要想从笼统的提问中摆脱出来，首先请告知你的目的。

🧑 请问应该怎么写博客？
🧑 不要用这种方式问，而要代之以："我想提高博客的访问量，但是始终不得要领，请问怎么写才好呢？"

像这样，告知对方你提问的目的，可以省去对方确认提问意图的时间。

分解要素，具体询问

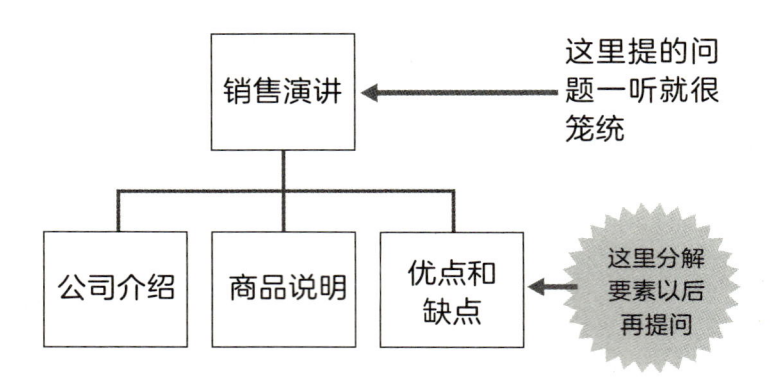

```
            ┌─────────┐
            │ 销售演讲 │ ◄─── 这里提的问题一听就很笼统
            └────┬────┘
        ┌────────┼────────┐
   ┌────┴───┐┌───┴───┐┌───┴────┐
   │公司介绍 ││商品说明││优点和缺点│ ◄─── 这里分解要素以后再提问
   └────────┘└───────┘└────────┘
```

| 请教技巧 3 | 分解要素，具体询问

话虽如此，我们在很多场合提问时还是很笼统。善于请教的人会将问题分解成尽可能简单的要素之后再提问。比如：

😊 我想问一下，去客户那里做销售开场白时，怎样介绍公司会比较好？

😊 我想问一下有关销售活动当中客户经常提到的 ×× 问题。

我在第二篇第 2 章中阐述了整理的重要性。提问的时候也是一样，有必要对想问的问题进行分解和整理，这样就能具体地询问。问得越具体，对方也就越能具体地回答。

| 请教技巧 4 | 事无巨细地告诉对方你做过的事

告诉对方你现在处于怎样的状况，对方会更容易教你。为此，要告诉对方到现在为止你都做了些什么。

🧑 我想增加博客的访问量，但是不知道怎么写，能教教我吗？

🧑 好啊。

🧑 我先是查了"如何撰写文章"。但是，我觉得仅仅这样是无法提高访问量的，所以也研究了 SEO（搜索引擎优化）。其他能想到的还有"更新频率"和"文章数量"等各种各样的情况。

🧑 嗯。然后呢？

🧑 所以我就想，关于"增加访问量"这一点，我连自己"不懂什么"都不知道。所以，你能帮我厘清头绪吗？

🧑 好吧，先说几个能增加访问量的一般方法。

之所以会提出难以回答的问题，是提问者不知道自己到底

不懂什么。相反，容易回答的问题，是因为回答的人明确知道提问者不懂什么。在这种情况下，通过说出"不懂"的原委，提问者就能让对方知道自己不懂什么，从而得到对方准确的建议。

顺便说一下，请教的时候也可以使用我在前面章节讲过的深度提问的技巧。如果对方有时间，你在问完自己想问的问题之后，就可以提出如下问题：

"前辈年轻时是怎么提高销售业绩的？"（行动问题）

"前辈如果站在我的立场，会怎么做？"（假设性问题）

深入挖掘自己要请教的东西，就能更接近本质。巧妙地请教，有深度地提问。

如果在第二篇第3章中介绍过的"认真倾听"的基础上，再掌握"深度提问"和"巧妙请教"这两种技巧，即使是不善言辞的人，沟通时也不会遇到困难。

第 5 章

最后用语言留下强烈印象

「语言化」思考法

昨天在网上看到的新闻，你还记得吗？

今天早上乘坐的电车里有什么样的广告？

上周见到的人跟你说的话，你还记得多少？

随着网络和智能手机的兴起，信息数量和沟通频率与以前相比都大幅增加。这使得人们更难记住我们。

本书最后的主题是在这样一个时代给人留下深刻印象的"语言化"思考法。

毫不夸张地说，在这个世界上，"语言表达能力"强的人，能够居于有利地位，办起事来，得心应手。

·卖东西

·出主意

·与人联系，取得一席之地

在所有这些方面，"语言表达能力"都是重要因素，聪明人都擅长于此。

到目前为止，我已经给大家介绍了四种深度思考的方法，最后再介绍一下通过语言表达加深思考的方法。

为什么有能力的人讨厌马上打来电话的人？

"打电话有百害而无一利。工作的时候如果电话铃响了，工作就会被强制中断，节奏就会被打乱。"日本知名门户网站 Livedoor（活力门）的前总经理堀江贵文曾这样说。

前微软日本法人代表成毛真也说："我完全赞同堀江贵文的说法，对方如果因为没必要打电话的事情而打电话，剥夺了我的时间，我就非常生气。"

话说，特斯拉联合创始人兼首席执行官埃隆·马斯克为了按照日程安排推进工作，几乎不接电话。

那么，为什么会有人如此讨厌电话呢？这与同他人沟通时产生的成本有关。

要有"沟通成本"意识

有些人抱着"先打电话再说"这样的想法；或者，忙碌的上司刚从外面回来，下属就急着找上司商量。很多人都有过这样的经历吧。

人们会想"先打电话再说""赶紧商量吧"，是因为他们觉得发邮件太麻烦，还是打电话或者直接说比较快。确实，发邮件很麻烦。

那么，为什么先打电话就不觉得麻烦呢？那是因为**接电话的一方也要承担"语言化"的过程，可以说，这是沟通中最费力气的一道程序**。接听者必须停下手来，先听对方说话。为了避免忘记说话者所说的话，可能还有必要记笔记。

另外，"先打电话来的人"往往说得不够连贯完整，接听者有必要整理说话的内容。为了更深入地倾听，接听者还有必要向对方提问。

如果对方开始征求意见，接听者还必须马上总结出意见，组织好语言，然后给出类似这样的回复："现在重要的是这个，这样做不就行了吗？"这也需要费很大精力。

人们觉得先商量一下或者先打电话比较快，是因为他们让对方承担了语言表达的成本。这样一来，沟通发起方就不必仅仅是自己一个人用语言表达了，这种状态是非常轻松的。

那么，暂且不打电话，用邮件表达的情况又如何呢？发邮件时，发件人需要先总结一下内容，组织语言表达出来；如果重新读后觉得难以理解，还有可能需要改写。通过书写，发件人给自己想说的话赋予了客观性，自然而然就在进行着重新整理的工作。

因此，写邮件的行为中包含着选择词语、整理语句、想象对方的反应、改写等各种沟通成本。也就是说，语言化成本中的全部成本都由说话人（发件人）承担。

总之，人们讨厌有些人"先打电话再说"的做法，是因为在"语言化"这一交流过程中，接听者必须中断眼前的工作，为对方承担巨大成本。

当然，紧急情况发生时，如果先打电话，之后就不会出现问题。而且，有些上了年纪的人不喜欢发邮件，所以，并不是任何情况下邮件都是最合适的。但是，希望大家不要忘记的是，要经常意识到沟通成本是由哪一方承担的。

在说话之前先了解谁来承担语言化成本

主动承担语言化成本

只要让对方承担了语言化的成本,你就不会被认为是"聪明人"。如果上司是优秀且亲切的人,那么尽早和他商量,效率或许会更高。但是,如果你不假思索地问"我该怎么办?",那就是在让上司思考,而自己却不思考。

相反,如果你自己承担语言化的成本,对方就会觉得你是有服务意识和解决问题的能力的。即使最终没有达到目的,只要整理好思绪之后再去商量,也会减轻对方的负担。

实际上,第二篇1—4章介绍的"深度思考方法"本身就是语言化的过程。在第3章中,我介绍过"不要建议,要整理",实际上边倾听、边整理,就相当于帮对方承担了一部分语言化的过程。

要意识到语言化成本是由谁承担的。

语言化的质量决定输出的质量

　　语言化一般是指"将思考转化为语言"。广告文案撰稿人用语言描述企业的根本任务或展现商品的吸引力，打动消费者的心，从而获得回报。广告文案撰稿人可以说是以语言化为本职工作的人。但是，我把语言化的意义理解得更广泛一些，语言化不仅仅是指将内容转化为语言，更是指**整体的输出**。

　　以建筑师为例，优秀的建筑师在设计房子时，会仔细听取委托人的烦恼、期待，以及他们想过什么样的生活等愿景，并理解委托人最基本的想法，最后以建筑物的形式输出。

　　因设计东京新国立竞技场和东京高轮门户车站而闻名的日本著名建筑师隈研吾在他的著作《隈研吾谈建筑》中，这样描述建筑师的工作：

> "从绘制蓝图到施工结束，建筑是相关人员多年共同经营、建设和交流的结果。与其说建筑是结果，不如说建筑是过程，是岁月本身。如果不在一起度过时光，那么建筑设计

> 从一开始就没有意义。我在梼原[①]学会了这种方法，并一直在用这种方式建造一座又一座建筑，而且今后也想用这种方法进行创作。"

隈研吾就这样把建筑说成共同经营、建设和交流的结果。也就是说，在建筑师与委托人交流的过程中，双方共同加深思考，在交流之后，才会有建筑这一输出。

设计师也一样，要深入挖掘委托人想要解决的问题，比如"企业形象没能传达给消费者"，可以通过设计的形式进行输出来解决这个问题。日本当今广告与设计业界风云人物佐藤可士和在各个领域主持制定品牌战略，主要客户包括优衣库、乐天、7-11等企业，今治毛巾等产品，幼儿园、大学等机构。他在自己的著作《如何找到改变世界的"视角"》中说道："广义的设计并不是外观设计的技术，而是一种思考方式。只要这样想，任何人都可以利用设计的力量，引导出更好的结果。"

无论是建筑师，还是设计师，或是其他优秀的人在被问及"为什么能有这样的输出"时，都能就相关想法的起源、方法论和思考方法进行说明。

[①] 译者注——梼原指梼原木桥博物馆，由日本隈研吾建筑事务所设计。

专业人士擅长将自己的思路语言化。没有语言化，就无法反复输出高水平的作品。有些人有时候不经过语言化，偶尔也会有不错的输出，但这样的人"昙花一现"，不会长久。

咨询顾问也是一样，倾听管理者的烦恼，找出本质性的问题，探讨解决方案。在这个过程中，需要多次"语言化"。我在前面说过，"咨询顾问的工作就是帮助客户发现问题并解决问题"，但实际上，咨询顾问应倾听客户意见（深度提问）、整理问题，并将其语言化为待解决的课题之后，才能找到解决方案。

留下强烈印象的"语言化"过程

客观地看待事物， 从不同角度看问题 （第1章："客观看待"思考法）	通过分类， 理解本质 （第2章："整理"思考法）
准确倾听对方说的话， 边听边整理 （第3章："倾听"思考法）	深入挖掘对方无法用语言 表达的部分 （第4章："提问"思考法）

⬇

最后用语言表达

无法用语言表达的问题，谁也不会认为是课题。只有用语言表达出来的问题，才能成为一个共同的课题，人们才会采取行动去找解决方案。

在本书的开头，我说过思考的质量很重要。思考的质量，决定了语言表达的质量；语言表达的质量，决定了输出的质量；输出的质量越高，就越能打动人心；只要能打动人心，就能促成行动。

也就是说，认真思考归根结底就是要产生能打动人的输出。而且，为了产生留下强烈印象的输出，优质的语言表达是必不可少的，而要达到优质的语言表达效果，我们有必要按照第二篇 1—4 章中介绍的方法来深度思考。

"语言化"思考法①
提高语言质量的唯一方法

本书第二篇介绍的是"优质输出"的产生过程。优质的输出会打动人，而语言化是优质输出的必要条件。

那么，语言化有窍门吗？

在第一篇第 5 章中，我否定了"记住大量的解释型模板"那种做法，这是因为，套用模板说话会让你自以为思考过了，其实反而让你远离思考。不过，这里我想特意介绍一种模板。请大家记住，这个模板并不是为了省去在思考上应该花费的心思，而是为了加深思考，给予对方强烈印象而采取的最终手段。

接下来的问题虽然很突然，但还是想问一下：你做过曲奇饼干吗？请你先想象一下烘焙模具的样子。只要把星星、心形等形状的烘焙模具压在面团上，就能做出漂亮形状，然后再烤一下就能做出曲奇饼干了。

但是，没有面团就无法使用烘焙模具。同样的道理，不思考，即使使用模板也不会产生任何东西。模板并不是省略思考的工具，而是辅助工具。

这个模板说起来就是"**不是○○，而是△△**"。

重新定义

"第三空间"是星巴克理念中所使用的词语，意思是"提供既不是家庭也不是工作场所的第三空间"。

如今，咖啡馆可能被视为休闲场所，但在星巴克创立之初，人们认为咖啡馆只是"喝咖啡的地方"。虽然有和朋友一起喝咖啡的印象，但是把它当作放松空间这样的认识却很淡薄。

星巴克前首席执行官霍华德·舒尔茨在其著作《将心注入》中这样说道：

> "顾客之所以走进星巴克，是冲着消费得起的奢侈享受而来的，如果门店设计毫无脱俗之感，他们下次为什么还要进来？在'每日咖啡'[①]开业伊始，我们就想以具有现代意

[①] 译者注——"天天"指霍华德·舒尔茨曾创立的咖啡品牌"天天咖啡"，也称"每日咖啡"，来自意大利文"Il Giornale"，这个品牌于1987年收购星巴克，随后两个品牌合为一家，并全部使用星巴克这一名称。

> 味的欧式装潢风格来重塑意大利浓缩咖啡的体验，营造出明亮、友好的氛围。我和建筑师伯尼·贝克一起制订了店面设计方案，包括标志如何摆放，如何处理靠窗的吧台、搁报纸的位置等，而餐单则设计成意大利报纸的模样。浓缩咖啡机立在中间的柜台上，柜台成弧度拐向后面。"

总之，星巴克在日本推广时的概念是"第三空间"，是"介于家和公司之间，能让人体会到奢侈气氛的地方"，而不是传统咖啡连锁店那种"单纯喝咖啡的场所"，也就是说，星巴克重新定义了咖啡馆。

不是○○，而是△△。

这样的模板是通过重新定义而产生的输出形式。

在第二篇第1章中我介绍过我学生时代的一次BBQ（户外烧烤）经历，当时我们通过查证得知，仅仅是在户外烤肉并不是BBQ，而是在户外烤整块肉以进行烹饪才叫BBQ。这样重新定义之后，人们就聚集了过来。在你进行高质量输出的过程中，你通常最终会重新定义它。

在全球畅销1000万册的《被讨厌的勇气》第一版腰封上写有"自由就是被别人讨厌"这样的文案。如果你查词典［日文《新明解国语辞典（第八版）》］，你会发现"自由"一词的含义是：

> "不受他人的限制和束缚，按照自己的意志和感情行动。"

一般人对这个词的认识也和词典上的一样。而在《被讨厌的勇气》一书中，这个词被重新定义为"自由就是被别人讨厌"。

现代管理学之父彼得·德鲁克为了阐述企业管理的必要性，在他的著作《管理的实践》中，对"企业是什么""企业的目的是什么"等概念的定义展开讨论。这个定义是如此优雅，以至于我读了这段话，确信"这本书里确实有重要的内容"，也就是说，我被打动了。

> "如果我们想知道企业是什么，我们必须先了解企业的目的，而企业的目的必须超越企业本身。事实上，由于企业是社会的一分子，因此企业的目的也必须在社会之中。关于企业的目的，只有一个正确而有效的定义：创造顾客。"

很多人认为企业的目的是"创造利润"，但彼得·德鲁克却明确了企业的目的在企业之外，并将之重新定义为"创造顾客"。

优质的输出来自优质的定义，而用来思考这种优质定义的模板就是"不是〇〇，而是△△"。

从"大阪烧是蒸菜"这句话中感受到了智慧

有一次,我担任面试官,看到某位应聘者在简历上写着"特长:能做出美味的大阪烧"。我在面试时随口问起他这个特长,他回复我说:

🧑 您知道吗?大阪烧是蒸菜哦。

我一直以为,大阪烧就像它的名字一样,是用来烤的,所以对他说的话很感兴趣,于是继续问他,一探究竟。

🧑 我是大阪人,所以知道老家的大阪烧做法。我想大多数大阪人,包括我在内,都觉得自己家的大阪烧才最好吃。但是,有一天,我偶然看到"大多福酱汁"网站主页上刊登的大阪烧菜谱,结果发现菜谱上写着"加盖蒸 4 分钟"。在此之前,我做大阪烧一直是只烤不蒸。我按照菜谱试着做了一下,虽然材料都一样,但是蒸的口感软绵绵的,特别好吃。您也可以试试把大阪烧当作蒸菜做。

我从这一番话中感受到了他的智慧。虽然这一番话不是唯一的理由，但仍不可忽略地促使其他面试官也认为"他是一个有思考能力的人"，并最终录用了他。

我觉得他很有智慧，以下两点分析可以说明：

·他有意识地发现人们认为自家的大阪烧更好吃，而且能够审视与自己不同的意见（"客观看待"思考法）；

·把大阪烧重新定义为"蒸菜"，给人留下了强烈印象（"语言化"思考法）。

面试结束后，"大阪烧是蒸菜"的印象也奇妙地留在了我的脑海里。我在家里给家人露了一手，结果，妻子和孩子们都赞不绝口。

那位应聘者"大阪烧不是烤的料理，而是蒸菜"这样的话语输出打动了我。

正如我在第二篇第1章中介绍过的那样，主题的种类并不能决定话题的"深浅"。即使是身边的事情，也可以深入思考。我希望大家也一定要重新定义一下身边的词语，但如果突然让大家使用"不是〇〇，而是△△"的模板来思考，应该会有很多人觉得很难。

谁都能产生优质输出的步骤

接下来,我将给大家介绍任何人都能"进行重新定义"的步骤。

首先,试着想一想"好的××"和"坏的××"。以咖啡馆为例,好的咖啡馆是什么样的?不好的咖啡馆又是什么样的?可以用自己喜欢或讨厌的咖啡馆来替换:

想一直待下去的咖啡馆真好!以后还想来。——这就是好的咖啡馆;

相反,即使咖啡很美味,但如果让人感到紧张和不舒服,我就会很讨厌。——这就是坏的咖啡馆。

像这样,经过这个步骤,你脑海里可能会浮现出这样的概念:"好的咖啡馆不是咖啡好喝的咖啡馆,而是氛围好的咖啡馆。"

这不仅适用于重新定义广告、书籍、饮食、服务态度等方面的好坏,还可以用于创意和头脑风暴。例如,对于公司社交网络账号的运营方法,大家在会议上进行了讨论,但怎么也拿不出好的方案。我们就可以试着问与会者:"请告诉我,您喜欢的和不喜欢的企业账号都有哪些?"在此基础上,我们可以问:什么是好的账号?什么是不好的账号?以此,我们重新定义了社交网络账号。在会议讨论陷入僵局时,一定要试试这个方法。

"语言化"思考法②
致只会说昨天看的电影"太有趣了!"的你

你知道"小并感"这个词吗?它是"小学生般的感想"的简写,意思是指一个人只能像小学生一样发表"太厉害了!""太有趣了!""太棒了!"之类的感想。确实,仔细想想,很多情况下,你看完一部电影,即使发自内心地感动,最后也只能说:"很有趣!""我哭了!"

那么,怎样才能摆脱"小并感"的状态呢?

语言化的实现就像"寒暄"习惯的养成

高级的语言表达能力不是一朝一夕就能掌握的,也不是一部分天才独有的才能和感觉。实际上,"语言化"与"寒暄"非常相似,本质上都依赖于"习惯"的力量。

例如,早上和住在同一栋公寓的人碰面,即使不认识也应该说"早上好",这一点谁都知道。但实际上,有的人能很自然地说出"早上好",有的人却做不到。

前者能自然地打招呼,是因为打招呼对他们来说已经成为一种习惯。为了养成这一习惯,他们过去进行了实践。大多数情况下,打招呼是小时候被父母或者长辈教育"遇到认识的人要打招呼"的结果,是经过反复实践养成的习惯。

语言化也是一样,通过反复实践,能够掌握语言化的能力并养成习惯。但是,让语言化成为习惯的实践方法,却很少有机会能够学到。因此,最后,我来告诉大家如何让语言化成为一种习惯。

| 语言化的习惯1 |　注重命名

"命名"最需要语言化能力。

曾创造出"我的热潮""治愈系吉祥物"等独特词语,并使之风靡日本的三浦纯在其著作《"不工作"的方法》中这样写道:

"这几年持续流行的'治愈系吉祥物',在我对其命名并分类之前,原本是'不存在'的。我将之命名为'治愈系吉祥物'之后,我发现仿佛存在那样一个世界:原本没有统一性的各地吉祥物,在这个名字之下成为一个种类,前面提到的哀愁、无所事事、匹配感、乡土之爱也一并表现出来。"

经过三浦纯的命名,大家都知道了"治愈系吉祥物"这个名字,由此,一个产业就这样诞生了。命名改变了人的行为。

村上春树的小说《没有色彩的多崎作和他的巡礼之年》中出现了"Le Mal du Pays"这个词。关于这个词,小说中的一个人物是这样说的:

> "Le Mal du Pays是法文,一般用来表示乡愁、忧思等意思。说得更详细点,就是'乡村在人们心中唤起的莫名哀愁'。是个很难准确翻译的词。"

很长一段时间,当我从电车里看到乡村时,确实有一种哀愁感。然而,我并不是在乡村长大的,所以并不思乡。这只能称为"Le Mal du Pays"。而且,读了这段文字之后,我才第一次问别人关于这种哀愁的感觉:"你有过这种感觉吗?我听说好像叫'Le Mal du Pays'……"

对于没有名字的事物,人是无法深入思考的。相反,通过命名,我们也可以研究新的概念。所以,有能力的人首先会思考"研究对象"的"定义",然后给那个定义起名字。这样一来,其他人也能对这个概念进行思考。**命名是思考的出发点**。

毫不夸张地说,培养语言能力的最快方法就是为没有名称的事物命名,并坚持做下去。我在咨询业务中也体会到了注重命名的重要性。

有一天，上司让我给"中小企业咨询"这一主题起个名字。

通常来讲，对于大企业客户，咨询程序是这样的：周密地调查、撰写报告和提案、获得批准、组成团队、制订计划，最后执行。但是，中小企业的资源比大企业少，常规流程无法使用的情况也时有发生，需要更快、更简单、更有效果的咨询方法。

于是，组长提出如下口号："引入一种易实施、起效快、持续久的简单机制"。有些人可能会觉得"太土了"。说实话，我一开始也是这么想的。但出乎意料的是，这是一种非常优秀的"语言化"，深受中小企业管理层的欢迎。

不管怎么说，它几乎不需要费力去理解，节奏感也很好，也容易记住。如果只用"为中小企业提供咨询、快速部署、高性价比、低成本运营"等常用词语，口号就不会给人留下这么强烈的印象，而且解释起来也不简单。

只要注重命名，即使是很小的事情，也能锻炼语言表达能力。比如，不要只是说"下个月加强沟通吧"，而要改成"下个月是投接球月，谁和我聊得多，我就请谁吃午饭"；不要只是说"从下个月开始我要减肥"，而是试着在社交网络上宣布"下个月是让胃积极休息的月份"。

即使是很小的事情，我们也可以通过给它命名，养成语言化的习惯。

| 语言化的习惯2 |　从明天开始不要使用"天啊""厉害了"

增加词汇量对提高语言表达能力大有裨益。掌握的语言越多，表达的范围就越广，也越有可能将无法言说的事情用语言表达出来。因此，增加词汇量的习惯，也可以说是锻炼语言表达能力的习惯。但是，就像考生背英语单词一样，使用词汇书来背单词可算不上是好主意。

为了提高语言表达能力，最好不要使用会让你词汇量变贫乏的简单表达方式。总之，请记住，从明天开始不要使用"天啊""厉害了"等词语。

诚然，无论什么样的感动，你都可以用"天啊""厉害了"来表达；无论吃过什么样的美食，你都可以说"好吃"。这样的表达虽然没有任何问题，但如果不用这些词，你会怎么表达呢？这样一想，大脑就会打开思考的开关。

| 语言化的习惯3 |　做"读书笔记"和"方法笔记"

阅读是增加词汇量的一种有效方法，尽管这种方法很传统。但是，单靠阅读并不能提高语言表达能力，因为无论输入多少，如果不输出，语言表达能力也无法提高。

我推荐大家做"读书笔记"。不管是电子书还是纸质书，你在读完之后，可以把内容摘要（总结）记下来。

图 1 是我在阅读一位名叫米哈里·契克森米哈赖的学者关于"心流理论"相关书籍时所做的一部分读书笔记。

如果读的是小说,那么简单总结故事梗概就可以。

重要的是,在写完摘要之后,还要写感想。当然,在这里我也尽量不写"很有趣",而是把自己的体验与书中的内容相结合,把自己感受到的、觉得有用的部分写出来。

《心流:最优体验心理学》
人在什么时候会充满活力?

①我正在从事有希望完成的工作
②我能够集中精力做事
③能够集中精力的条件是工作有明确的目标
④能够集中精力的条件是有直接的反馈
⑤在深入且不勉强的沉浸状态下,将日常生活的烦恼和失意从意识中消除
⑥对自己的行为有控制感
⑦虽然自我意识消失,但心流体验之后,自我感觉会更强烈
⑧对时间流逝的感觉发生变化

※ 感想:很多人觉得游戏很有趣,工作很无聊,这是因为工作没有考虑给员工提供最佳体验。游戏的制作是为了给用户带来流畅的体验,但管理者只关注他们的客户,很难将这种意识延伸到员工身上。从长远来看,将心流体验纳入员工满意度的核心也可能会让客户受益。也许可以向员工提出"把工作营销化"的建议。

图 1 读书笔记示例

这个方法是我刚进咨询公司时别人推荐给我的，20多年来我一直在坚持使用，这是最能提高语言表达能力的方法。这是因为，通过阅读获得的知识比你想象的更模糊，但通过总结时的语言化，就变得清晰了。

另外，制作"○○方法笔记"也很有效。○○换成什么都可以，可以是工作，也可以是自己感兴趣的事情，比如户外休闲、游戏、乐器演奏等。

图2是我刚进咨询公司时做的咨询诀窍摘录，我把从负责指导咨询技巧的前辈那里学来的东西语言化之后记录了下来。这是一个至今仍在不断更新的文件。"上司说了什么？""我的解释是什么？""为什么会成功？""怎样才能变得更好？"我对所有内容都做了笔记，现在它被我用作写文章的材料来源。

我推荐大家在记笔记时用固定的格式，比如"学到的10件事""重要的5件事"等。我在第二篇第2章中曾提到"聪明人在听别人说话时，会带着向对方学习的意识去听"。像这样，通过设定固定格式，养成写方法笔记的习惯，我们自然而然就会带着向对方学习的意识去听别人说话。

进一步说，就像"从下属身上学到的5件事""育儿中重要的10件事"这样，什么内容都可以。一旦养成这种思考习惯，就会觉得痛苦的经历也能成为方法笔记的素材。我们还可以将这些信息分享到社交网络上,或者传达给后辈,让自己的经验对他人也有所帮助。

总之,重要的是,阅读不要只停留在"有趣"的程度上,而要用自己的语言进行总结。在工作中学东西也是如此。心动的时候,请先打开笔记本,养成记笔记的习惯。

从前辈那里学到的 10 件事

①同理心比建议更重要
②真正有价值的东西不可能得到 100% 的认可
③问题不是听出来的,而是猜出来的,猜中需要经验和知识
④人不会那么快成长;轻易得到的东西,人们并不看重
⑤利用小礼品,提高与顾客接触的频率
⑥始终考虑如何在不依赖销售的情况下持续、稳定地创收
⑦结算时,将采购物品作为结转商品处理
⑧在风险管理领域,经验比什么都重要
⑨创造智力上的惊喜非常重要
⑩与财富和成功相关的成本高得惊人

图 2　方法笔记示例

语言化和"寒暄"是一样的。就像遇到人要打招呼，如果你发现一个东西没有名字，那就给它起名。这样一来，思考的质量自然就会提高。

结束语

在日本有着"智慧巨人"美誉的外山滋比古在他的畅销书《思考的整理学》中有这样的描述:

> "我们在欣赏花朵的时候,不会去看那些枝叶。即使看到了枝叶,也不会将视线移向树干,更何况是树根,想都不会去想。总之,我们的视线被花朵吸引,完全不会顾及作为主体部分的树根和树干。
>
> "据说,植物展现在地上的可见部分与隐藏在地下的根部,在形状上几乎是一样的,形成了一种对称美。花朵可以绽放,也是因为它拥有庞大的地下组织。
>
> "知识也是人类这棵树上开出的花朵。即使花朵再美丽,一旦被剪下来插入花瓶中,也难逃凋零的命运。仅凭这一点就可以明白:不依附于其他而能持久绽放的花朵是不存在的。"

本书介绍的7个黄金法则和5种思考方法，可以说是让智慧之花绽放的"根"和"干"。通过实践黄金法则和思考方法，即智慧的"根"和"干"，谁都能成为"聪明人"，这一点毋庸置疑。但是，最后我想告诉大家的是，比起成为聪明人，持续聪明更难。

作为一名咨询顾问，我每天都在倾听老板们的烦恼。有一天，我跟一个老板只聊了几句，就立刻明白他为什么问题而烦恼了。在电视节目中，占卜师只和艺人说了几句话，就一语道破："你现在正为这样的事情烦恼吧？"那位艺人非常惊讶："你是怎么知道的？好厉害！"我想很多人都见过类似的场景。像这样"一听就懂"的咨询顾问并不少见。但是，其中也有不少咨询顾问自认为已经明白了一切，变得傲慢，停止了成长。

"觉得明白的时候是最危险的"，这是我22年咨询生涯中得出的另一个结论。越觉得自己明白的时候，越要小心谨慎，用心沟通。我认为，这才是真正聪明、谦虚、有智慧之人应有的态度。

大家也一定要在感觉自己"变聪明了"的时候，再回过头来看看黄金法则，自问一下是否好好思考过。

本书是一本商业书籍，依据我作为一名咨询顾问所获得的知识和见解编写而成，对任何人、任何行业、任何时代都会有所帮助。然而，本书包含的许多例子不仅适用于商务场合，而且适用于私人场合。例如，当被问到"穿哪件衣服好？"时如何应对、婚恋中的男女如何对话等私人场景。"希望能跟身边的人用心、细致地沟通"，这是我的出发点。

事实上，15年前，我的前妻因病去世。当时是我作为咨询顾问最忙的时期，很难说我与她保持了密切的沟通。那是我至今仍后悔的一件事。

一个真正聪明的人，是一个能够照顾好自己所关心的人的人。即使是管理者，这样的人也会受到周围人的仰慕。为了珍惜重要的人，请以智慧的方式用心沟通。

行文至此，我要感谢我合作过的所有客户，感谢你们耐心配合我的工作。另外，感谢白潟敏朗先生教给我成为顾问必备的技巧，我的沟通技巧几乎都是您指导的结果。

感谢为本书策划给予宝贵见解的梅田悟司先生，在日常工作中给予我支持的仓增京平、桃野泰德，以及我的联合创始人楢原一雅。如果没有大家的帮助，这本书就不会完成。还有，长期为Books&Apps投稿的高须贺、新崎、熊代享、雨宫紫苑、fujipon、pato、黄金头，是你们一直给予我宝贵的灵感，真的非常感谢！

结束语

  还要感谢我的责任编辑淡路勇介，没有你的协助，这本书是不可能完成的。我觉得我在编写本书的过程中窥见了编辑工作的一些秘诀。最后，谢谢我的妻子美保，多亏了你，我才能没有后顾之忧地写完这本书。

2023 年 3 月

安达裕哉